U0106389

新編
電力裝置
實用手冊

A Practical Guide to
Electrical Installation

特許電機工程師
陳樹輝 編著

萬里機構

序

在市面上有關電力裝置的中文書籍中，有來自中國大陸及台灣的，但主要是討論有關當地電力裝置的法規及技術細則，不一定適用於香港的實際情況。而本地出版的，也多是一些與電業工程人員註冊考試有關的書籍，主要為讀者熟習考試範圍的內容及問答的形式而編寫的。

本書出版的目的，主要供初學者或已有經驗的電力裝置工程人員，在設計、安裝或進行維修時，作為一本入門指南或參考手冊。

本書分為「基礎」及「實務」兩部分，合共三十一章。基礎篇共十章，第一、二章主要介紹香港的電力條例，第三至第十章則具體地說明在設計電力裝置時所需的基本知識。基礎篇所談及的內容並沒有艱深原理，而是以實際應用例子來作說明。透過這些實例，讀者更可進一步了解「電力（線路）規例工作守則」之有關要求。因此，「基礎」篇不但適合初學者閱讀，對已有電力裝置工作經驗者，也有很大的參考價值。「實務」篇由第十一章開始，除詳細討論日常電力裝置工作中最常遇見的問題外，也介紹了十多年來

「電力(線路)規例工作守則」的主要修訂及「建築物能源效益條例」有關電力裝置的主要規定，務求加深大家對電力裝置的了解並帶來實際的幫助。

　　本書於編寫時，雖然己經力求簡明易讀，但錯漏之處，尚祈各位見諒及賜教指正。倘若因內文的錯漏而引致的任何損失，作者及出版社恕不負責。

目錄

實務篇

附錄

基礎篇

1 香港的電力條例

1.1 電力條例

電力條例屬於香港法例第406章。此條例於1990年制定並由機電工程署負責執行。

現時之電力條例主要就電業工程人員、電業承辦商及發電設施的註冊作出規定,訂立電力供應、線路裝設及電氣產品的安全規格,授予供電商及政府權力以處理電力意外及執行本條例,並就在確保於供電電纜附近進行的活動不會危及安全或電力的持續供應的措施訂定條文。上述條例的詳細內容,可見於此條例的8條附屬則例內:

- 第406A章——電力供應規例
- 第406B章——電力供應(特別地區)規例
- 第406C章——電力(豁免)規例
- 第406D章——電力(註冊)規例
- 第406E章——電力(線路)規例
- 第406F章——插頭及適配接頭(安全)規例(已廢除)
- 第406G章——電氣產品(安全)規例
- 第406H章——供電電纜(保護)規例

電力條例所涉及的範圍非常廣泛，本書主要探討的是第406E章——電力（線路）規例及其有關之工作守規。此附屬則例於1992年6月才實行。在此之前，電力裝置的一般技術要求及安全標準主要根據本地兩所電力公司的「供電則例（Supply Rules）」及「英國電機工程師學會的佈線規例（IEE Wiring Regulation）」而制定的。

1.1.1 第406E章——電力（線路）規例

此規例可從機電工程署網頁 http://www.emsd.gov.hk 下載，主要就電力用戶之固定電力裝置訂下安全規格。此外就規例之適用範圍及固定電力裝置之檢查、測試及發出證明書等作出規定。

部分條文具有刑罰之阻嚇力，任何人若有違反此等條文，即屬犯罪，可被檢控。根據406E章規例24有以下之規定：

1. 任何人違反第4(5)或(6)、20或22(2)條，即屬犯罪，可處罰款$10,000。

2. 固定電力裝置的擁有人如不遵守第17(1)、(2)、(4)、(5)或(6)條的規定，即屬犯罪，可處罰款$10,000。

3. 固定電力裝置的擁有人如安排他人違反第18條或知情而故意容許他人違反第18條，即屬犯罪，首次定罪可

處罰款$50,000及監禁6個月，因相同罪行再被定罪可處罰款$100,000及監禁6個月。

有關406E章規例4、17、18、20、及22可參看附錄1規例條文。

1.1.2 第406C章——電力（豁免）規例

凡機電工程署署長信納固定電力裝置擁有人能安全地裝設及維修他的裝置，可藉命令作出豁免，使該裝置擁有人、他的電力裝置、他的電業工程人員、其中任何二者或全部不受「電力條例」中關於電力裝置的任何條文規限。

根據406C章的規定，由政府擁有的固定電力裝置以及用於以下用途的固定電力裝置是可以得到機電工程署署長作出的豁免命令：

- 生產及供應電力；
- 鐵路服務的運作；
- 用於電車或纜車軌道上的交通的車輛、車卡或訊號系統的操作或控制；
- 提供或維持公眾電訊服務；
- 行車隧道或鐵路隧道的操作或維修；
- 架空纜車的操作或維修；

- 製作、傳送或播放供公眾接收的電視或電台節目；

- 升降機及自動梯(安全)條例(第327章)界定的升降機或自
  動梯的操作或控制。

1.2 電力(線路)規例工作守則

　　電力(線路)規例工作守規(以下簡稱：工作守則)，工作
守規本身並沒有任何法例之約束力。意即是若有任何違反工
作守規內的條文時，也不可視為觸犯了香港法例而被檢控。

　　訂立守規的主要目的，是就如何符合電力(線路)規例內
的各項規例，提供一般技術指引。舉例說：電力(線路)規例
中所述及的「一般安全規定」，此規定內其中之一項要求是：
「須應用良好工藝及適當材料」。但是「良好」及「適當」的定義
是甚麼呢？電力(線路)規例內沒有清晰的界定。因此如何符
合電力(線路)規例中所謂「良好」及「適當」的要求，就交給工
作守規作詳細解釋了。

　　其實在工作守規的「引言」中也清楚說明：遵守本守規而
行應可達至符合電力(線路)規例各項有關規定的目的，因此
所有電業工程人員都以工作守規作為設計及施工上主要的技
術指引了。

1.3 供電則例

當用戶向電力公司申請接駁電力時，用戶的電力裝置除了必須符合工作守規守則有關之要求外，也須遵守電力公司所訂明之供電條件及技術規定。若用戶有違反電力公司之供電則例時，電力公司是有權拒絕或終止接駁電力予該用戶。

中華電力有限公司之「供電則例」可在該公司在各區之客戶中心免費索取或在該公司的網頁下載。而香港電燈有限公司所派發的是「接駁電力供應指南」，可在香港北角城市花園道28號電燈中心9樓憑「電業工程人員證書」(簡稱：電工牌)免費索取或從該公司的網頁得到有關的資料。此指南備有中、英文版本，詳細說明香港電燈有限公司對客戶裝置的一些重要技術要求，有很大的參考價值。

中華電力有限公司網址：http://www.clpgroup.com

香港電燈有限公司網址：http://www.hkelectric.com

2 電力裝置擁有人、電業工程人員及承辦商

電力條例之制定在於透過立法來保障電力裝置使用者及施工者的安全。這須要政府、電力裝置擁有人、電業工程人員及承辦商共同努力及合作才可達致安全之目標。

2.1 電力裝置擁有人

電力裝置擁有人是指持有電力裝置使用權的人。例如：大廈的業主、租客、物業管理公司及業主立案法團。

電力裝置擁有人有以下責任：

1. 為其電力裝置提供適當的保養及維修，以防止發生電力意外；
2. 確保電力裝置設施沒有違例的改裝或加裝；
3. 聘用註冊電業承辦商進行任何電力工作。

2.2 電業工程人員

根據現時之電力條例，所有從事「電力工程」的工程人員都必須向機電工程署註冊。目的為確保此類工程只由合資格的電業工程人員進行施工。

「電力工程」是指與低壓或高壓固定電力裝置的安裝、維

修、測試等之有關的工程或工作。固定電力裝置的例子為固定地裝設在樓宇內的配電箱、線路裝置及照明裝置等。從事可攜式電器(例如：檯燈、電視機及雪櫃等)工程的人員，則**無須**註冊。

2.2.1 電業工程人員註冊證明書

電業工程人員註冊證明書(以下簡稱：電工牌)上除印有持牌人的姓名、註冊編號及有效日期外，還有兩項重要的資料，分別是：工程級別及准許工程。工程級別共分為5個：分別為A、B、C、H及R級；而准許工程則分為：0、1、2及3。

工程級別

1. **A級**電力工程：最高電力需求量不超逾400安培(單相或三相)的**低壓**(名詞解釋)固定電力裝置的電力工程。

2. **B級**電力工程：最高電力需求量不超逾2,500安培(單相或三相)的低壓固定電力裝置的電力工程。B級電力工程包括A級電力工程在內。

3. **C級**電力工程：任何電量的低壓固定電力裝置的電力工程。C級電力工程包括A級及B級電力工程在內。

4. **R級**電力工程包括下列任何一項或多項：

    • NS：霓虹招牌裝置的電力工程；

- WH：儲水量不超過200公升的無排氣管的儲水式低壓電熱水爐裝置的電力工程；

- AC：低壓空氣調節裝置的電力工程；

- 其他：只限在某一或某類裝置或某類房產進行的電力工程。

5. H級電力工程指**高壓**(名詞解釋)電力裝置的電力工程。

●—∿||||||| **名詞解釋** |||||||—●

特低壓(extra low voltage)：指於正常情況下，在導體與導體之間或導體與地之間，不超逾以下的電壓：

  (a) 50伏特均方根交流電；或

  (b) 120伏特直流電。

低壓(low voltage)：指於正常情況下

  (a) 在導體與導體之間超逾特低壓但不超逾1,000伏特均方根交流電或1,500伏特直流電的電壓；或

  (b) 在導體與地之間超逾特低壓但不超逾600伏特均方根交流電或900伏特直流電的電壓。

高壓(high voltage)：指於正常情況下高逾低壓的電壓。

准許工程

准許工程中的數字所表示的含義如下：

- 0 —— 所有類別
- 1 —— 只可簽發設計證明書
- 2 —— 只可進行安裝及維修工程
- 3 —— 只可進行維修工程

例如：電工牌上的「工程級別」是 A 級；而「准許工程」是 A0，表示此持牌人可從事 A 級電力工程中所有類別（即設計、安裝或維修）的電力工作。

「准許工程」是可跨級別的。例如：B0 C2 H3，表示此持牌人可從事 B 級電力工程中所有類別（即設計、安裝或維修）、C 級電力工程的安裝或維修，及 H 級電力工程中維修的電力工作。

2.2.2 電業工程人員的註冊資格

有關各級電業工程人員所須之註冊資格，可參考附錄2。總括來說，申請人是否符合註冊資格，主要是視乎申請人的學歷及工作經驗而定。

學歷方面

申請人可透過機電工程署認可的考試或修讀該署認可之課程才可達致各個級別有關學歷之要求。

目前只有成功修畢「職業訓練局」開辦的電機工程學課程

或同等學歷者才可以豁免A或B牌筆試。而持有本地或認可大學所頒發之電機工程學學位或同等學歷者則可以豁免C牌筆試。

　　機電工程署認可的考試詳情表列如下：

級別	舉辦機構	名稱	查詢
A	職業訓練局技能測驗登記處	電工技能測驗 (筆試排期一般約需1個半月。實務試通常由筆試合格後起計約3個月內進行)	Tel: 3907 6898 https://va.vtc.edu.hk
B	香港考試及評核局	B級電業工程人員註冊考試 (每年一次，通常在5月舉行)	Tel: 3628 8787 https://www.hkeaa.edu.hk
C	香港考試及評核局	C級電業工程人員註冊考試 (每年一次，通常在11月舉行)	Tel: 3628 8787 https://www.hkeaa.edu.hk

工作經驗方面

　　申請人在填報有關個人之實際電力工作經驗時須列出以下四項資料：

1. 僱主名稱；
2. 服務期間；
3. 從事工程類別(例如：設計、裝置、維修等)；
4. 曾處理固定裝置的最高電量(例如：400A/380V，200A/11kV)。

機電工程署一般都接受公司信來證明申請人的電力工作經驗。因此，在公司信上最好列明上述有關的資料以證明申請人的實際工作經驗。工作經驗是可以累積計算的。例如在甲公司服務了2年；乙公司服務了3年，而從事的是與電力工作有關的，申請人的累積電力工作經驗便是5年了。

　　除非機電工程署需要進一步了解申請人所填報的資料，一般來說是不用申請人進行面試的。

2.2.3 註冊電業工程人員的主要責任

　　註冊電業工程人員的主要責任如下（摘錄自機電工程署網址－http://www.emsd.gov.hk）：

1. 須遵照電力條例的規定從事電力工作，尤其是《電力（線路）規例》的各項規定；
2. 在從事電力工作時須隨身攜備註冊證明書，或在工作地點備有該證明書；
3. 只可從事註冊證明書上指明類別的電力工作；
4. 不得以電業承辦商身份承辦電力工程或立約進行電力工作等，除非本身也是註冊電業承辦商。

2.3 電業承辦商

根據現時之電力條例，所有從事固定電力裝置工程的承辦商均須向機電工程署註冊，目的是為確保此類工程只會經由符合資格的電業承辦商聘用合資格的電業工程人員進行。

電力裝置工程除了是指與低壓或高壓固定電力裝置的安裝、校驗、檢查、測試、維修、改裝或修理有關的工程或工作，還包括監督工程和簽發工程證明書，以及簽發電力裝置設計證明書。固定電力裝置的例子為固定地裝設在處所內的配電箱、線路裝置及照明裝置等。從事可攜式電器(例如：檯燈、電視機及雪櫃等)工程的承辦商，則**無須**註冊。

2.3.1 電業承辦商註冊資格

根據電力(註冊)規例第3(1)規定，凡申請註冊為電業承辦商，申請人必須僱用最少一名註冊電業工程人員，或如屬個人的申請人，本身必須為註冊電業工程人員；或如屬合夥商行的申請人，最少有一名合夥人必須為註冊電業工程人員。

註冊電業承辦商是沒有分級別的。但必須履行作為註冊電業承辦商的責任。

2.3.2 註冊電業承辦商的主要責任

註冊電業承辦商的主要責任簡述如下(摘錄自機電工程署網址－http://www.emsd.gov.hk)：

1. 只能僱用註冊電業工程人員負責電力工作。轄下的非註冊電業工程人員可依照註冊電業工程人員的口頭或書面指示可從事電力工作。在此情況下，該註冊電業工程人員須知悉並負責該非註冊電業工程人員的工作。而且當註冊電業工程人員不在其身旁時，不得對固定電力裝置的帶電部分施工。

2. 須有效地督導轄下的註冊電業工程人員，並確保他們只從事電力條例規定他們有權從事的電力工作。

3. 不得促使或容許僱員(即註冊及非註冊電業工程人員)在違反電力條例的情況下從事電力工作。

4. 須提供適當及足夠的測試器具、工具、物料及合適地方/工場給僱員進行電力工作。

5. 須儲存過去5年內或註冊為電業承辦商以來，轄下僱員所從事各項電力工作的有關紀錄。

6. 須出示機電工程署署長認為與執行電力條例有關而由承辦商持有或控制下的紀錄、圖則或文件，以供查閱。

7. 須在主要營業地址的當眼處，展示註冊證明書正本(即總店證明書)，並在每個其他營業地址(即分店)的當眼處，展示機電工程署署長發出的該註冊證明書副本(即分店證明書)。

8. 只限在已向機電工程署署長註冊的各營業地址從事或展開電業承辦商業務。

3 電流需求量的計算

設計一個電力裝置時，須要考慮的範圍很廣。例如：電纜的尺寸、佈線的方法、電路保護器件的選擇等。但一般來說，首先要評估的便是整個裝置的電流需求量(Current demand)。

計算電流需求量的常用公式

$$單相負荷：I = \frac{P}{V}$$

$$三相負荷：I = \frac{P}{\sqrt{3} \times V_l}$$

I ＝ 電流(單位：Ampere(安培)，簡寫 A)

P ＝ 功率(單位：Watt(瓦特)，簡寫 W)

V ＝ 220伏特(相電壓)

V_L ＝ 380伏特(線電壓)

一些電感性負荷，例如：電動機等，當計算其滿載電流(Full load current)時，便須包括「功率因數」及「效率」在計算電流之公式內。

$$單相負荷：I = \frac{P}{V \times p.f. \times \eta}$$

$$三相負荷：I = \frac{P}{\sqrt{3} \times V_L \times p.f. \times \eta}$$

p.f. = 功率因數(Power factor)

η = 效率(Efficiency)

•——〰〰〰 **TIPS** 〰〰〰——•

如想知道一般家庭電器的電流需求量，可在「中華電力」或「香港電燈」有限公司的客戶服務中心索取一份列有一般家庭電器功率的小冊子，再引用上述公式，便可把這些家庭電器的電流需求量計算出來。

⬤ 例一：

某住宅單位的電力負荷如下：

• 6個100W鎢絲燈及4套40W熒光燈支架，

• 1部1½匹冷氣機及2部1匹冷氣機，

• 1部3,000W熱水器(恆溫式)，

• 2組30A環形線路供應廚房、房及廳內13A插座。

若供應此住宅單位的電壓是單相220V，求此單位之總電流需求量。

　　首先逐一列出所需之電力負荷（見表3-2），然後根據上列公式計算每個負荷之電流需求。

1. 熒光燈的電流需求：

$$I = \frac{\text{瑩光燈的總額定功率} \times 1.8}{220V},$$

　　額定功率乘以1.8的用意是為了包括了瑩光燈支架內控制設備的損耗。

2. 冷氣機的運行電流要參考個別牌子的資料。但在設計階段還不知道選用哪一個牌子的冷氣機，可參考下列資料（表3-1）：

製冷量	電流
½匹　(7,000BTU/h)	3.5A
1匹　(9,000BTU/h)	4.3A
1½匹　(12,000BTU/h)	6.5A
2匹　(17,000BTU/h)	10A

● 表3-1

3. 電熱水器可分為「恆溫式」（或稱儲水式）及「即熱式」。家庭用的恆溫式熱水器的功率多為3kW。但這已足夠一個人

淋浴之用。以單相電源計算，這類熱水器之滿載電流為：

I=3,000W÷220V=13.6A。

4. 用作淋浴之即熱式熱水器，功率需求要高達18kW。這些即熱式熱水器多是三相電源式的，以18kW功率來計算，每相電流約為27A。所以只適合有三相供電的用戶。市面上也有單相即熱式熱水器售買的，但功率較小（約4-6kW），主要用作洗手或洗碗之用。

根據以上四點的分析，得出計算結果如下（表3-2）：

電力負荷	滿載電流
100W 鎢絲燈	$I = \dfrac{100}{220} \times 6 = 2.7A$
40W 螢光燈支架	$I = \dfrac{40 \times 1.8}{220} \times 4 = 1.3A$
1½ 匹冷氣機 2 部 1 匹冷氣機	$I = 6.5\,A$ $I = 2 \times 4.3\,A = 8.6$
3,000W 熱水器(恆溫式) 30A 環形線路：第一組 第二組	$I = \dfrac{3,000}{220} = 13.6A$ $I = 30\,A$ $I = 30\,A$
總電流需求量：	$92.7\,A$

• 表3-2

3.2 參差額（Diversity factor）

　　根據例一，我們把每項電力負荷所需之電流加起來，得出之總電流需求量是92.7A。但若不是在同一時間下一次性使用所有的電力負荷，在設計上是可以引用「參差額」來得出一個較為實際的總電流需求量。例如：若住宅的照明裝置的參差額是66%，即等於說住宅的照明裝置估計只有66%是一起使用。那麼，上例中的照明裝置的電流需求便不是

　　2.7A+1.3A=4A，而是

　　（2.7A+1.3A）×66%=2.64A 了。

　　工作守則表7(1)為設計者提供了根據不同電力負荷及不同房產類別的「容許參差額」。要留意的是此表只適合用於每相電流量**不超過**400A的裝置。每相電流量若超過400A的裝置，應由B級或C級的註冊電業工程人員來評估參差額。表7(1)亦不適用工廠的電力裝置。此類裝置的「參差額」應視乎廠房的實際運作及要求而決定。

　　若將工作守則表7(1)所列出的參差額(參看附錄3：容許參差額列表)運用於上例的算式內，總電流需求量的計算便會如下(表3-3)：

電力負荷	滿載電流	參差額	電流需求量
100W 鎢絲燈	$I = \dfrac{100}{220} \times 6 = 2.7\,A$	66%	$2.7A \times 66\% = 1.8A$
40W 熒光燈支架	$I = \dfrac{40 \times 1.8}{220} \times 4 = 1.3\,A$	66%	$1.3A \times 66\% = 0.9A$
1½ 匹冷氣機	$I = 6.5\,A$	100%	$6.5A \times 100\% = 6.5A$
2部1匹冷氣機	$I = 2 \times 4.3\,A = 8.6$	40%	$8.6A \times 40\% = 3.4A$
3kW 熱水器 (恆溫式)	$I = \dfrac{3,000}{220} = 13.6\,A$	100%	$13.6A \times 100\% = 13.6A$
30A 環形線路：第一組	$I = 30\,A$	100%	$30A \times 100\% = 30A$
第二組	$I = 30\,A$	40%	$30A \times 40\% = 12A$
總電流需求量	68.2A		

• 表3-3

● 例二：

某商店的電力負荷如下：

● 40個100W鎢絲燈，

● 24套60W熒光燈支架，

● 2台12kW、功率因數0.87及效率90%的三相電動機，

● 3個18kW、三相熱水器（即熱式），

● 3組30A環形13A插座線路。

　　若供應此商店的電壓是三相380V，求此單位每相之總電流需求量。

此例子中的商店有單相及三相負荷，因此須引用不同的公式來計算單相或是三相負荷的相電流。若加入參差額的考慮，總電流需求量的計算如下(表3-4)：

電力負荷	每相之滿載電流	參差額	每相之電流需求量
100W 鎢絲燈	$I = \dfrac{100 \times 40}{220} \div 3 = 6.1A$	90%	$6.1A \times 90\% = 5.5A$
60W 熒光燈支架	$I = \dfrac{60 \times 1.8 \times 24}{220} \div 3 = 3.9$	90%	$3.9A \times 90\% = 3.5A$
三相電動機：第一台	$I = \dfrac{12{,}000}{\sqrt{3} \times 380 \times 0.87 \times 0.9}$ $= 23.3A$	100%	$23.3A \times 100\% = 23.3A$
第二台	$I = 23.3A$	80%	$23.3A \times 80\% = 18.6A$
三相熱水器：第一個	$I = \dfrac{18{,}000}{\sqrt{3} \times 380} = 27.3A$	100%	$27.3A \times 100\% = 27.3A$
第二個	$I = 27.3A$	100%	$27.3A \times 100\% = 27.3A$
第三個	$I = 27.3A$	25%	$27.3A \times 25\% = 6.8A$
30A 環形線路：			
第一組	$I = 30A \div 3 = 10A$	100%	$10A \times 100\% = 10A$
第二組	$I = 30A \div 3 = 10A$	50%	$10A \times 50\% = 5A$
第三組	$I = 30A \div 3 = 10A$	50%	$10A \times 50\% = 5A$
	總電流需求量(每相計)：		132.3A

● 表3-4

計算照明電路的每相所需電流的方法如下：

先假設所有照明器具是以單相供電，電流需求量為：

40×100W÷220V=18.2A。

但將所有照明器具平均分佈在三相電源之下，則每相所須之電流為：

18.2A÷3 = 6.1A。

⚡〰️〰️〰️ TIPS 〰️〰️〰️⚡

工作守則表7(1)的「容許參差額」是作為參考之用。其實，參差額的運用並不是一成不變的。設計者應憑客戶裝置之實際用電情況而決定參差額的數值。例如：零售商店的照明設備一般多是全開着的。那麼，這些商店的照明設備的參差額便要100%了。

若果在設計時未能掌握客戶裝置之實際用電的情況，設計者亦可憑過往同類裝置實際用電的情況而決定參差額的數值。

對於電流需求量較大的裝置，例如：整座樓宇的電力需求，設計者大都是根據同類型裝置的實際用電情況而作出評估。

設某住宅樓宇有200戶，預計每戶電力需求量是3.5 KVA。
若以三相380V電源供應，求整座大廈的每相之總電流需求量。

● 題解：

整座大廈所需之電力需求量為：200×3.5kVA= 700kVA

每相之總電流需求量為：$\dfrac{700 \times 1,000}{\sqrt{3} \times 380} = 1,063A$

　　要留意的是，上述例子所計算出來的只是對整座樓宇
的總電流需求量作出初步的評估。當整座樓宇的建築圖設計
完成後，設計者還須按樓宇每一項的主要公眾電力裝置（例
如：照明、消防、升降機等）的實際用電情況再作進一步的
總電流需求量評估。

　　總括來說，無論用什麼方法來評估一個電力裝置的總電
流需求量，所得出之結果必須能應付該電力裝置可能出現之
最大電流需求的情況。例如：住宅樓宇的最大電力需求，便
會出現在炎熱的夏天晚上，各家各戶也開着冷氣機睡覺的
時候。◎

4 電纜的選擇

4.1 電纜的構造

電纜主要由導體及絕緣體這兩部分構成。

4.1.1 電纜導體

最常用的電纜導體材料是銅或鋁。一般用於低壓電力裝置的電纜導體多是採用銅來製成的。而電力公司敷設於地底紅色的11kV高壓電纜(見附錄5圖01),其導體則是採用鋁。

鋁的好處是重量及價錢均比銅輕及平宜。但缺點則是「導電性」只約及銅(以相同截面積計)的60%。此外,雖然重量比銅較輕,但線身較硬,不便於安裝。

工作守則並沒有規定低壓電力裝置應該採用銅電纜或鋁電纜,但對帶電導體(live conductor)卻有最低截面積的要求。根據工作守則13A:

- 鋁導體不小於16mm^2;
- 用於導管及線槽內之聚氯乙烯絕緣銅電纜(PVC cu. cable),其導體不小於1.0mm^2;
- 用於明敷線路的聚氯乙烯絕緣、聚氯乙烯護套銅電纜(PVC/PVCS cu. cable),其導體不小於1.5mm^2。

電纜導體可進一步分為實心（Solid）、絞合（Stranded）及軟線（Flexible）三種。在香港，慣常採用而符合BS 6004（BS是British Standard（英國標準）的簡寫）的1.5mm² 及 2.5mm² 銅電纜的導體多採用實心的，但4mm² 或以上的則採用絞合式的導體。而用於連接「拖板」或一般家庭電器的電纜則多採用柔軟度較大的軟線。

4.1.2 電纜絕緣體

很多材料都適合用作電纜絕緣體。例如：橡膠、塑膠、油浸紙等。但比較普遍使用的是塑膠。目前，作為低壓或高壓電纜絕緣體的主要塑膠材料是：聚氯乙烯（Polyvinyl Chloride 簡稱：PVC）或交聯聚乙烯（Cross-linked Polyethylene 簡稱：XLPE）。

相對於PVC電纜，XLPE電纜有較佳的絕緣性能、熔點較高，可以允許導體操作溫度達90℃。所以，電纜的允許載流量（Current-carrying-capacity）比相同截面積的PVC電纜也較大。因價格仍是較PVC電纜高，所以在低壓電力裝置中，仍是採用PVC絕緣電纜為主。雖然如此，XLPE電纜的使用亦已經愈來愈普遍了。

4.2　常用電纜

　　下面列出了各種常用電纜的中文名稱、英文名稱、英文縮寫以及有關的佈線方法（表4-1）：

中文名稱	英文名稱	英文縮寫	佈線方法
聚氯乙烯絕緣銅電纜	PVC-insulated copper cable	PVC cu. cable	放置於導管或線槽內
聚氯乙烯絕緣、有聚氯乙烯護套銅電纜（凡有聚氯乙烯護套的電纜除了單芯外，還可有二、三或四芯。）	PVC-insulated, PVC-sheathed copper cable	PVC/PVC cu. cable	適用於明敷線路
聚氯乙烯絕緣、有聚氯乙烯護套裝甲電纜	PVC-insulated, PVC-sheathed armoured copper cable	PVC/SWA/ PVC cu. cable	適用於戶內、外或藏於地底內*
交聯聚乙烯絕緣銅電纜	XLPE-insulated copper cable	XLPE cu. cable	放置於導管或線槽內
交聯聚乙烯絕緣、有聚氯乙烯護套銅電纜	XLPE-insulated, PVC-sheathed copper cable	XLPE/PVC cu. cable	適用於明敷線路
交聯聚乙烯絕緣、有聚氯乙烯護套裝甲銅電纜	XLPE-insulated, PVC-sheathed armoured copper cable	XLPE/SWA/ PVC cu. cable	適用於戶內、外或藏於地底內

* 裝甲電纜特別適用於有機會受重物撞擊或須承受重力之地方。但如果電纜所放置的地方是免受撞擊或是不會承受重力的，則PVC/PVC或XLPE/PVC 無裝甲銅電纜皆可。

● 表4-1　常用電纜

當購買電纜時，如果向店員說需要一條「聚氯乙烯絕緣、有聚氯乙烯護套單芯銅電纜」的話，相信大部分店員都不知道你究竟想要甚麼。以6mm^{2}電纜為例，其常見的類型及簡稱如下：（見附錄5圖02）：

- 6mm^2 聚氯乙烯絕緣單芯銅電纜（6mm^2 1/C PVC cu. cable），簡稱為6mm^{2}單支單膠線。

- 6mm^{2}聚氯乙烯絕緣、有聚氯乙烯護套單芯銅電纜（6mm^2 1/C PVC/PVC cu. cable），簡稱為6mm^{2}單支孖膠線。

- 6mm^{2}聚氯乙烯絕緣、有聚氯乙烯護套二芯銅電纜（6mm^2 2/C PVC/PVC cu. cable），簡稱為6mm^{2}孖支孖膠線。

- 6mm^{2}聚氯乙烯絕緣、有聚氯乙烯護套裝甲四芯銅電纜（6mm^2 4/C PVC/SWA/PVC cu. cable），簡稱為6mm^{2}四芯裝甲線。

若所用的是XLPE銅電纜，便要聲明所用的是XLPE線。否則一般慣稱的單、孖膠或裝甲線均是指PVC線。

4.3 決定電纜導體大小的計算方法

要計算電纜導體的大小，須按以下五個步驟進行：

步驟一： 確定電路的設計電流（Design current: I_b）。

步驟二： 根據$I_b \leq I_n$ 的原則，設定電路的過流保護器件之額定值（I_n）。

步驟三：應用下列公式求取所需電纜導體之載流量(Current-carrying-capacity: I_z)。

$$I_z \geq \frac{I_n}{C_a \times C_g \times C_i \times C_p} \quad (公式一)$$

C_a、C_g、C_i及C_p皆為校正因數(具體釋意見下文「校正因數」)

步驟四：根據(公式一)所求得之I_z，再從工作守則附錄6內之「銅導體的載流量表」，選擇大小適當的電纜。

步驟五：檢查電路所產生的總電壓降是否超過供電標稱電壓(Nominal supply voltage)的4%。香港的供電標稱電壓是三相380V及單相220V。電路的總電壓降是指由裝置的電源點與固定用電器具之間的電壓降。此數值可從下列公式求得：

電路之總電壓降值＝電纜長度(m)×電路設計電流(A)×所選擇之電纜的電壓降(mV/A/m)

校正因數(Correction factors)

* 環境溫度的校正因數：C_a(參閱工作守則附錄5表A5(1))

* 組合電纜的校正因數：C_g(參閱工作守則附錄5表A5(3)或(6))

* 隔熱材料密封的校正因數：C_i(參閱工作守則附錄5表A5(4))

* 保護器件的校正因數：C_p(參閱工作守則附錄5表A5(5))

當環境溫度為30℃；所選擇之電纜並沒有和其他電纜一起安裝；電纜本身沒有和任何隔熱材料接觸、電纜的保護器件並非使用「半封閉式熔斷器」，所有校正因數：C_a、C_g、C_i 及 C_p 皆等於1 (如例一所示)。

但當有別於上述的環境溫度或安裝方法時，便須從工作守則附錄5中找出適當的校正因數，然後再代入上述公式，才可得出所需電纜導體之正確載流量。

工作守則附錄5表 A5 (1) 或 (2) 中，所有環境溫度的校正因數的數值是不會大過1的。唯一例外的是當環境溫度低於30℃時，C_a 的數值會稍大於1。

● 例一：

如圖4.1所示，照明器具的設計電流 I_b 是12A；若以MCB作為此照明電路的過流保護器件；70℃ PVC單芯銅電纜作為此電路的電纜，求此電纜尺寸應是多少？

設此電路的環境溫度是30℃；電纜將藏於裝在牆上的導管內，而該導管並沒有接觸任何隔熱材料。

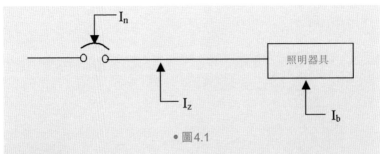

• 圖4.1

題解：

步驟一：設計電流 I_b = 12A；

步驟二：因 $I_n \geq I_b$，所以選擇 I_n = 15A 的 MCB 作為電路的過流保護器件；

步驟三：根據 $I_z \geq \dfrac{I_n}{C_a \times C_g \times C_i \times C_p}$；

• 環境溫度是 30℃，因此 C_a=1；

• 此電路並沒有和其他電路組合，因此 C_g=1；

• 此電路用 MCB 作為過流保護器件，因此 C_i=1；

• 電路沒有接觸任何隔熱材料，因此 C_p=1。

$$\therefore \quad I_z \geq \frac{15}{1} \geq 15A$$

步驟四：從工作守則附錄6表A6(1)第4欄中，查得 1.5mm² 之電纜導體的載流量是 17.5A，符合此電路電纜所需之載流量要求。

● 例二：

　　　若在上例中電路的環境溫度是40℃；而該電纜和另外1組
電路放置在同一導管內，求所須之電纜導體應是多少？

● 題解：

步驟一：$I_b = 12A$

步驟二：因 $I_n \geq I_b$，所以選擇

　　　　$I_n = 15A$

　　　　的MCB作為電路的過流保護器件。

步驟三：根據 $I_z \geq \dfrac{I_n}{C_a \times C_g \times C_i \times C_p}$

● 環境溫度是40℃，因此 $C_a = 0.87$（工作守則附錄5表A5(1)）；

● 此電路和另外1組電路組合，即共有2組電路放置在一起，因
此 $C_g = 0.8$（工作守則附錄5表A5(3)）；

● 此電路用MCB作為過流保護器件，因此 $C_i = 1$；

● 電路沒有接觸任何隔熱材料，因此 $C_p = 1$。

$$\therefore \quad I_z \geq \frac{15}{0.87 \times 0.8} \geq 21.6A$$

步驟四：從工作守則附錄6表A6(1)第4欄，查得2.5mm² 電
　　　　纜導體的載流量是24A，符合此電路電纜所需之載流
　　　　量要求。

例一及例二沒有提供電路電纜之長度，因此並不須要進行步驟五的計算。

從例一中可知道一條1.5mm²電纜導體已足夠供應電路所需的電流。但在例二中所示的環境溫度較高及2組電纜組合在一起，因而減慢電纜散熱的速度。所以通過引用校正因數而得出所需之電纜導體要改為2.5mm²。較大的導體，其阻抗會較低。因此在相同電流經過下，較大的導體所產生的熱力會比較小的導體為低。這樣便可減低因散熱速度較慢而做成對電纜絕緣的傷害。

● 例三：

若所須的電纜長度是50m，例二中所求得的電纜尺寸是否適合？

● 題解：

從工作守則附錄6表A6(1)中查得2.5mm²電纜導體的電壓降是18mV/A/m。因此，電路之總電壓降為

50m × 12A × 18mV/A/m = 10.8V。此電壓降大於

4% × 220V = 8.8V。

所以2.5mm²電纜導體並不符合要求。再從表A6(1)查4.0mm²電纜導體的電壓降是11mV/A/m。因此，電路之總電壓降值為

50m × 12A × 11mV/A/m = 6.6V，此電壓降小於

4% × 220V = 8.8V。

所以此電路最小的電纜導體應是4.0mm²。

　　要留意的是一般銅導體若超過16mm²或以上，其電壓降值會分為r、x及z三個不同數值。計算電路的總電壓降值分別如下所示：

- 若所分析的電路沒有提供功率因數（power factor），則
  電路電纜的總電壓降值 $= L \times I_b \times Z$；
- 若所分析的電路是需要考慮功率因數在內，則
  電路電纜的總電壓降值 $= L \times I_b \times (r \cos \theta + x \sin \theta)$。

　　L是電路電纜的長度、I_b是電路的設計電流、$\cos \theta$ 則是電路的功率因數。

5 佈線方式

主要的佈線方式可分為：

1. 明敷線路方式
2. 藏線方式

5.1 明敷線路方式

根據工作守則25C，對於沿着牆身及結構物表面伸延的電纜有以下的規定：

1. 以帶扣固定的電纜，總直徑不應超過10mm。一般室內的電力裝置(例如：照明、插座線路)若所使用的電纜不超過4mm^{2}孖支孖膠線(扁平形狀)，也可採用此方式來佈線。但由於利用此方法來佈線的電纜比較容易受損，並且亦很難配合現代居所視覺上審美的要求。因此，此種佈線方式已經較為少用。

2. 如電纜總直徑超過10mm，可使用電纜支撐物，例如：線鞍、線夾、線架或線梯來固定電纜。一般的公眾電力裝置(例如：升降機房、水泵房、消防設備)的電纜多採用此方式來佈線。

適合明敷線路的電纜包括：

- PVC 或 XLPE 絕緣、PVC 護套電纜(俗稱：孖膠線)
- 裝甲或金屬護套電纜
- 礦物絕緣電纜(俗稱：銅皮線)

一般來說，應盡量將電纜放置於不易被觸及的地方。若使用的是孖膠線，則須在容易受到撞擊的範圍內，以金屬線槽或導管護套來加強對電纜的保護。否則，便須以裝甲電纜或銅皮線來替代。此外，電纜亦須有適當及足夠數量的電纜支承物(cable support)來承托。支承物之間的距離可參考工作守則表25 (3)。放置電纜時若須將電纜彎曲，電纜的彎位不宜太急促，否則容易使電纜的護套及/或絕緣受損。有關電纜的最少內彎位半徑(圖5.1)，工作守則25C有表5-1所列的要求：

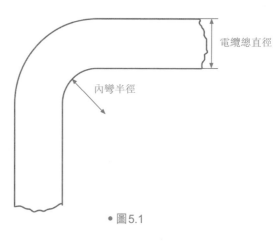

電纜總直徑

內彎半徑

• 圖5.1

電纜的總直經（D）	最少內彎位半徑	
	無裝甲電纜	裝甲電纜
10mm 或以下	3D	6D
超過 10mm 至 25mm	4D	6D
超過 25mm	6D	6D

• 表 5-1

電纜若過穿牆、地台、天花等的建築結構，該電纜所穿過的套管內外必須以隔火的物料封閉（見附錄 5 圖 03）。有關明敷佈線其他要留意的地方，可參考工作守則 25C。

●──⊣\\\\\\\\ **TIPS** \\\\\\──●

一般使用的 PVC 電纜，燃燒時會釋放有毒氣體。因此，在一些室內和人流較多的地方若須採用明敷線路的話，應使用防火電纜或銅皮線。

5.2 **藏線方式**

最普遍的藏線方式是將電纜放置於導管及線槽內。這些導管或線槽的內部非常平滑，不會傷害電纜的絕緣。而且結構堅硬，能提供電纜非常良好的保護。

5.2.1 導管（Conduit）

　　行內人一般將導管稱之為「燈喉」。日常應用的導管，可分為「鋼導管」及「絕緣導管」。鋼導管可再分為「硬性鋼導管」（見附錄5圖04）及「軟性鋼導管」（見附錄5圖05）。絕緣導管可再分為「硬性絕緣導管」（見附錄5圖06）及「軟性絕緣導管」（見附錄5圖07）。

硬性鋼導管（Rigid steel conduit）

- 工作守則所接納的硬性鋼導管及其配件均應採用厚料及縱向焊接類別，並須符合61386或等效規定。
- 於裝置時，若導管在機械及電氣性能方面均保持連續性，管身可用作保護導體。
- 導管的質地非常堅固耐用，且內外均經過鍍鋅處理，加強了防銹能力。因此可用於戶內、戶外、地上及藏於建築材料（例如：混凝土及、磚牆）內。

軟性鋼導管（Flexible steel conduit）

- 工作守則所接納的軟性鋼導管須符合IEC 61386或等效規定。
- 若用於戶外或潮濕的地方，則應採用有護套的金屬防水式導管。
- 管身不可用作保護導體。

硬性絕緣導管

- 硬性絕緣導管及其配件多是以 PVC 製成，並應符合 BS 4607 Part 1 及 2 及 IEC 61386 或等效規定。與鋼導管比較，PVC 導管的價錢較平；重量輕巧兼安裝容易；更可抵抗雨水、酸、鹼性液體的侵蝕。但是若用不符合標準的 PVC 來製造，遇上火災時，會釋放過量對人有害的氣體。

- 可用於戶內或外甚至藏於建築結構 (例如：混凝土、磚牆) 內。但若於戶外長時間暴露於陽光下，則會脆化而導致破裂。

軟性絕緣導管

- 軟性絕緣導管應採用自行熄滅的塑膠材料，並應符合 BS 4607 Part 3 的規格。

- 無論是硬性或軟性絕緣導管，若是採用 PVC 來製造，其工作溫度是介乎 -5 ℃ 至 60 ℃ 之間。

有關安裝鋼或絕緣導管的工藝要求，可參考工作守則 25A。

5.2.2 導管的電纜容量

要決定導管的電纜容量，可根據 BS 7671:1992 Guidance note 1 Appendix A 所記載的方法來計算一條鋼或 PVC 導管的電纜容量。此方法亦是工作守則 14E 所採用的計算方法。

1. 直線伸延不超過 3 米長的導管
   - 按表 5-2 得出電纜因數（Cable factor）。

導體種類	導體面積(mm²)	電纜因數
實心(solid)	1	22
	1.5	27
	2.5	39
絞合(stranded)	1.5	31
	2.5	43
	4	58
	6	88
	10	146
	16	202
	25	385

● 表5-2　直線伸延及不超過3米長導管的電纜因數

- 把所有電纜因數相加，然後再按表5-3選擇適當尺寸的導管。適合的導管，其導管因數(Conduit factor)必須大過或相等於所得出的電纜因數總和。

2. 直線伸延超過3米長或有彎位或曲位的導管（彎位相等於一個90度彎角；而兩個曲位相等於一個90度彎角。）

- 按表5-4得出電纜因數。
- 把所有電纜因數相加得出電纜因數總和，然後再按表5-5選擇適當尺寸的導管。適合的導管，其導管因數必須大過或相等於所得出的電纜因數總和。

導管直徑(mm)	導管因數
16	290
20	460
25	800
32	1,400
38	1,900
50	3,500
63	5,600

- 表5-3　直線伸延及不超過3米長導管的導管因數

導體種類	導體面積(mm^2)	電纜因數
實心或絞合	1	16
	1.5	22
	2.5	30
	4	43
	6	58
	10	105
	16	145
	25	217

● 表5-4 直線伸延超過3米長或有彎位或曲位導管的電纜因數

在以上列表中，需要注意的要點是：

● 表5-2及5-4適用於符合BS 6004的單芯PVC銅電纜或符合BS 7211的單芯XLPE銅電纜。在香港，2.5mm^{2}或以下的單芯銅電纜多採用實心的；4.0mm^{2}或以上則是絞合電纜。

● 表5-3所提供的導管直徑尺寸從16mm至63mm。在香港，慣常使用的導管直徑尺寸是由20mm至50mm。而一般手提式的彎管器(俗稱：拗磅)主要是用於不超過25mm直徑的導管，所以最多採用的導管直徑尺寸是20mm及25mm。

● 表5-5所提供的導管直徑尺寸由16mm至32mm。若所用的導管直徑是38mm，則將32mm直徑之導管因數 ×1.4；若導管直

徑是50mm，則將32mm直徑之導管因數 ×2.6；若導管直徑是

63mm，則將32mm直徑之導管因數 ×4.2。

導管伸延長度(m)	導管直徑(mm)											
	16	20	25	32	16	20	25	32	16	20	25	32
	直線				一個彎位				二個彎位			
1	已於表(5-2)及(5-3)列出				188	303	543	947	177	286	514	900
1.5					182	294	528	923	167	270	487	857
2					177	286	514	900	158	256	463	818
2.5					171	278	500	878	150	244	442	783
3					167	270	487	857	143	233	422	750
3.5	179	290	521	911	162	263	475	837	136	222	404	720
4	177	286	514	900	158	256	463	818	130	213	388	692
4.5	174	282	507	889	154	250	452	800	125	204	373	667
5	171	278	500	878	150	244	442	783	120	196	358	643
6	167	270	487	857	143	233	422	750	111	182	333	600
7	162	263	475	837	136	222	404	720	103	169	311	563
8	158	256	463	818	130	213	388	692	97	159	292	529
9	154	250	452	800	125	204	373	667	91	149	275	500
10	150	244	442	783	120	196	358	643	86	141	260	474

• 表5-5　直線伸延超過3米長或有彎位或曲位導管的導管因數

- 表5-5所提供的導管因數只涉及二個彎位或以下的導管。其實原表也列出有關三個彎位及四個彎位的導管因數。但因工作守則的指引是每段導管不可超出二個彎位，因此有關三個彎位及四個彎位的導管因數在此省略。

● 例一：

1. 一條25mm直徑及3m長度的導管可容納多少條2.5mm^{2}實心 PVC電纜？

2. 一條25mm直徑、6m長度及有二個彎位的導管可容納多少條 2.5mm^{2}實心PVC電纜？

● 題解：

1. 從表5-2，2.5mm^{2}實心PVC電纜的電纜因數是39；從表5-3，一條長3m及直徑25mm導管的導管因數是800。

設n為可放置於此導管內的電纜總數量，

∴ n×39 ≤ 800；

n ≤ 800/39 = 20.5。

因此，一條長3m及直徑25mm的導管可容納最多20條2.5mm^{2}實心PVC電纜。

2. 從表5-4，2.5mm^{2}實心PVC電纜的電纜因數是30；從表5-5，一條6m長兼有二個彎位及直徑25mm導管的導管因數是333。

設 n 為可放置於此導管內的電纜總數量,

∴ n × 30 ≤ 333;

n ≤ 333/30 = 11.1。

因此,一條長 6m 兼有二個彎位及直徑 25mm 的導管可容納最多 11 條 2.5mm^2 實心 PVC 電纜。

● 例二:

若以一條長 10m 及有一個彎位的導管來容納 8 條 2.5mm^2 實心 PVC 電纜及 6 條 4.0mm^2 絞合 PVC 電纜,此導管的最小尺寸應是多少?

● 題解:

電纜尺寸	電纜數量	每條電纜因數(表5-4)	總電纜因數
2.5mm^2	8	30	8 × 30 = 240
4.0mm^2	6	43	6 × 43 = 258
		所有電纜因數總和:	498

• 表 5-6

從表 5-5 可知,最小的導管直徑尺寸是 32mm(導管因數是 643)。

5.2.3 線槽（Trunking）

線槽也是分為「鋼線槽」（見附錄5圖08和圖09）及「PVC絕緣線槽」（見附錄5圖10）。有關安裝鋼或絕緣線槽要注意的地方，可參考工作守則25B。

鋼線槽

工作守則所接納的鋼線槽及其配件必須符合BS4678: Part 1及2或等效規定。

裝置時，若在機械及電氣性能方面均保持連續性，槽身是可作為保護導體之用。每段線槽一般都是內裏以鐵片及外加銅帶把毗連的一端連接起來。因此，電氣連續性方面比鋼導管差，所以一般的電力裝置甚少利用鋼線槽作保護導體。

一般的鋼線槽皆經過鍍鋅處理，具有防鏽功效。若於置線槽的地方是一些非常潮濕或空氣鹽分比較重（例如：海傍）的地方，這些線槽可經熱浸鍍鋅處理來加強防止浸蝕的能力。槽蓋及槽身之間無可避免地存有虛位，因此在裝置時也須盡量把線槽設於乾爽的地方，以免有水分滲入線槽之內。

絕緣線槽

　　一般市面上售賣的絕緣線槽都是以PVC製造，並應符合BS4607: Part 1 及 2、IEC 61386 或等效規定。PVC線槽是不適合用於冰冷或很熱的地方，因其工作溫度是介乎-5℃至60℃之間。

5.2.4　線槽的電纜容量

導體種類	導體面積（mm²）	電纜因數（符合 BS 6004 PVC 銅電纜）	電纜因數（符合 BS 7211 XLPE 銅電纜）	電纜因數（根據工作守則表14（4）（a））
實心（solid）	1.5	8.0	8.6	7.1
	2.5	11.9	11.9	10.2
絞合（stranded）	1.5	8.6	9.6	8.1
	2.5	12.6	13.9	11.4
	4	16.6	18.1	15.2
	6	21.2	22.9	22.9
	10	35.3	36.3	36.3
	16	47.8	50.3	-
	25	73.9	75.4	-
	35	93.3	95.1	-
	50	128.7	132.8	-

● 表5-7　任何長度線槽的電纜因數

雖然行內習慣上都是以物盡其用的原則把電纜填滿一條線槽的空間，但其實可根據 BS 7671:1992 Guidance note 1 Appendix A 所記載的方法來計算一條線槽的電纜容量。此方法亦是工作守則 14 所採用的計算方法，以下介紹的是兩種不同的計算方法：

方法一

- 按表 5-7 得出電纜因數（Cable factor）。
- 把所有電纜因數相加，然後再按表 5-8 選擇適當尺寸的線槽。適合的線槽，其線槽因數（Trunking factor）必須**相等於或大於**所得出的電纜因數總和。

（表 5-7 的電纜因數是等於電纜的截面積。是以符合有關英國標準（BS）的電纜所容許的最大直徑計算出來。）

方法二

- 計算將會放置入線槽內的每條電纜（包括絕緣）的截面積。
- 把每條電纜的截面積相加，得出電纜截面積的總和。
- 放置於線槽內的電纜截面積總和不應使「空間因數」（Spacing factor）**超過** 45%（空間因數＝放置於線槽內的電纜截面積總和 ÷ 線槽的內截面積）。

線槽尺寸（mm×mm）	線槽因數
50×38	767
50×50	1,037
75×25	738
75×38	1,146
75×50	1,555
75×75	2,371
100×25	993
100×38	1,542
100×50	2,091
100×75	3,189
100×100	4,252
150×38	2,999
150×50	3,091
150×75	4,743
150×100	6,394
150×150	9,697

● 表5-8　任何長度線槽的線槽因數（適用於鋼或絕緣線槽）

● 例三：

　　若以一條線槽來容納30條4.0mm^2、20條6.0mm^2、10條
10mm^{2}及10條16mm^2 PVC銅電纜，此線槽的最小尺寸應是多少？

電纜尺寸	電纜數量	每條電纜因數(表5-7)	總電纜因數
4.0mm^2	30	16.6	30×16.6=498
6.0mm^2	20	21.2	20×21.2=424
10mm^2	10	35.3	10×35.3=353
16mm^2	10	47.8	10×47.8=478
		所有電纜因數總和：	1,753

● 表5-9

　　從表5-8，線槽的最小尺寸是100mm×50mm（線槽因數是2,091）。若要使用的是「方槽」（即是橫切面是正方形的線槽），則要選擇75mm×75mm（線槽因數是2,371）了。

● 例四：

電纜尺寸	電纜數量	電纜直徑(mm)(包括絕緣)
10mm^2	30	6.7
16mm^2	20	7.8
25mm^2	20	9.7
35mm^2	10	10.9

● 表5-10

若以一條線槽來容納上述數量及尺寸的電纜(表5-10)，試以方法二來計算此線槽的最小尺寸應是多少？

(電纜直徑可由電纜供應商提供或參考與電纜有關之英國標準所訂明的規格。)

● 題解：

電纜尺寸	電纜數量	電纜直徑(mm)：d	電纜截面積(mm^2) = π d^2/4
10mm^2	30	6.7	$\pi \times \dfrac{6.7^2}{4} = 35.2$
16mm^2	20	7.8	$\pi \times \dfrac{7.8^2}{4} = 47.8$
25mm^2	20	9.7	$\pi \times \dfrac{9.7^2}{4} = 73.9$
35mm^2	10	10.9	$\pi \times \dfrac{10.9^2}{4} = 93.3$

● 表5-10

所有電纜截面積的總和為：

$30 \times 35.2 + 20 \times 47.8 + 20 \times 73.9 + 10 \times 93.3$

$=1,056+956+1,478+933 = 4,423mm^2$

因「空間因數」不可超過45%；

(空間因數=放置於線槽內的電纜截面積總和÷線槽的內截面積)

∴線槽的內截面積 ≥ 放置於線槽內的電纜截面積總和÷45%；

∴線槽的截面積 ≥4,423mm^2 ÷45% = 9,829mm^2。

∴線槽的最小尺寸是100mm×100mm(即截面積=10,000mm^2)。

5.3　線架及線梯

5.3.1　線架（Cable tray）

　　線架（Cable tray）（見附錄5圖11），特別適合用來承托較多數量或較長的電纜。工作守則對線架的裝置及構造並沒有特別的規定。一般來説，常用的金屬線架尺寸由100mm至600mm（闊）及1.2mm至2.0mm（厚）。全部經過鍍鋅處理，具防鏽能力。線架可用吊架或角架穩固地支承在牆或天花等的建築結構上。這些吊架或角架之間的距離應以所承托電纜的重量或參考線架生產商的建議來決定。

5.3.2　線梯（Cable ladder）

　　線梯（Cable ladder）（見附錄5圖12），功能和線架一樣，也是適合用來承托較多數量或較長的電纜。但線梯的結構比線架更為堅固，因此重量負載能力遠比線架高。其堅固的構造也可減少支承物的數量，非常適合用於一些須作較遠跨距才可裝置支承物的地方。工作守則對線梯的構造及裝置方法並沒有特別的規定。線梯的應用準則及裝置方法可參考線梯生產商的建議。

電路安排

這章主要介紹的是一般住宅電力用戶的「最終電路」及多層大廈的「低壓配電系統」的電路安排。

6.1 最終電路

最終電路是指從電力用戶的配電箱取得電源供應之電路。以「住宅」單位為例，一般可分為以下兩類最終電路：

1. 固定器具電路
2. 插座電路

6.1.1 固定器具電路

固定器具電路可再分為「照明電路」及「電力器具電路」。

照明電路的設計要點

1. 每一房間最少有一個照明供電點。以一個三房兩廳的住宅單位為例，便須有8至10個照明供電點(lighting point)。

2. 無論單位面積是多小，最少有二個或以上的最終電路供應電源予各照明供電點。

3. 一些用電量較小的固定器具(例如：電鈴、抽氣扇)可連接照明電路。

4. 控制浴室內照明器具之開關掣(拉繩開關掣例外),必須安裝於浴室之外。

電力器具電路的設計要點

1. 所有非照明設備的電力器具不可連接於照明電路上。

2. 每一電流需求量較高之電力器具(例如:冷氣機、電熱水器)皆應由獨立之最終電路供應電源。不應由一個最終電路同時供應多個電力器具。

3. 每個等電位區域內(一般指室內)的固定器具電路的保護器件,若在所保護的電路發生接地故障時,能於指定時間內把電源截斷,則此電路毋須漏電保護器(RCCB)的額外保護。〔有關指定時間的定義,可參閱第8章:8.2.2〕

4. 電路如供電予浴室內的電力器具,若該器具與其他器具的外露非帶電金屬部份(例如:金屬外殼)或非電氣裝置金屬部份(例如:食水喉)可同時被觸及,其保護器件應能在電路發生接地故障時,於0.4秒內把電源供應截斷。若保護器件的截斷電流時間未能達到此要求,則應使用RCCB作為額外的接地保護。

5. 電路如供電予浴室內有外露非帶電金屬部份(例如:金屬外殼)的電力器具,而該器具裝設於完工地板水平2.25 m以內,應由餘差啟動電流不超過30 mA的電流式漏電斷路器(RCCB)加以保護。

6.1.2 插座電路

一般適用於住宅單位的插座，分別為：符合BS 546的5A或15A插座及現時最常用而符合BS 1363的13A插座。

根據工作守則6的規定，一個以5A或15A MCB或熔斷器作為保護器件的最終電路只可分別連接一個5A或15A插座。(圖6.1)

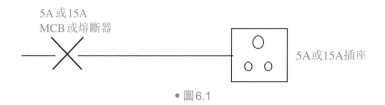

• 圖6.1

若安裝的是13A插座，則根據工作守則6的規定，可分為以下三類電路：

• **A1 環形電路**(圖6.2)

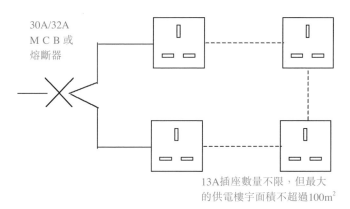

• 圖6.2

• A2 放射式電路（圖6.3）

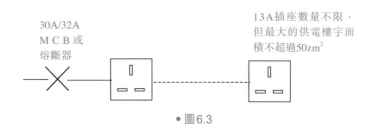

30A/32A
ＭＣＢ或
熔斷器

13A插座數量不限，
但最大的供電樓宇面
積不超過50zm²

• 圖6.3

• A3 放射式電路（圖6.4）

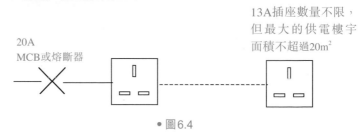

20A
MCB或熔斷器

13A插座數量不限，
但最大的供電樓宇
面積不超過20m²

• 圖6.4

　　每一個插座電路必須由電流式漏電斷路器（RCCB）來保護。此漏電斷路器的額定餘差啟動電流不可超過30mA。

　　以上三類13A插座電路皆可以加設「支脈電路」。每個13A插座電路（無論是放射式或環形電路）皆可連接數目不限「有熔斷器」的支脈電路。圖6.5所示的便是一個加設了「有熔斷器」支脈電路的13A插座環形電路。此「有熔斷器」支脈電路是由一個內有13A熔斷器的連接盒（俗稱：有Fuse接線

蘇）及三個13A插座所組成。實際上,「有熔斷器」支脈電路
的13A插座數量是沒有規限的,但連接盒內的熔斷器的額定
值,最大也不可超過13A。慣常應用的「13A拖板」便是「有
熔斷器」支脈電路的其中一個例子。(有關「拖板」的規格可參
看機電工程署出版之電器產品(安全)規例指南。)

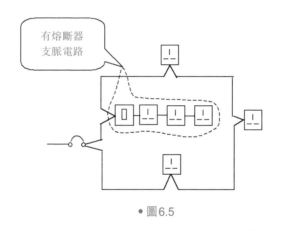

• 圖6.5

6.1.3 USB插座

　　若安裝的是IEC 60950-1的通用串列匯流排(USB)插
座,則根據工作守則6F的規定如下:

　　(a)應使用放射式最終電路。

　　(b)過流保護器件應設在每個USB電路的初級側,可為
器具的組成部分或線路裝置的一部分。

(c)如USB電路依靠的過流保護器件為線路裝置的一部分,則應遵循USB電路的安裝說明。

(d)除13A插座的最終電路外,USB插座的電路應與其他電路隔離。當USB插座的電路由13A插座的最終電路提供電源時(如圖6.6),支脈電路應經由一個內有熔斷器的連接盒與電路連接,該熔斷器的額定載流量應符合製造商建議,並在任何情況下不得超逾13 A。

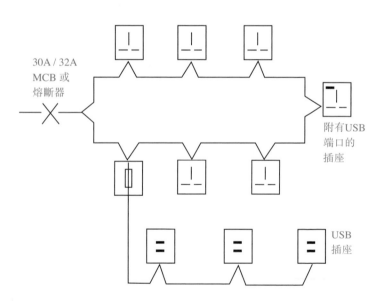

30A / 32A
MCB 或
熔斷器

附有USB
端口的
插座

USB
插座

• 圖6.6　由13A插座的最終電路供電

⚬—ⱲⱲ⎟⎟⎟⎟⎟ TIPS ⎟⎟⎟⎟⎟—⚬

住屋內13A插座數目可參考工作守則表26(1)的建議。現代家居使用
的電器產品眾多,若每一件電器產品也有一個專用插座的話,會使
屋內佈線工作非常複雜。一般來説,可以利用13A拖板來滿足實際
所須。但廚房內則應減少採用13A拖板,所以在設計上應盡量預備
足夠數量的插座予廚房內固定裝置的電器產品。例如:雪櫃、電飯
煲、洗衣機、乾衣機、抽油煙機等。至於最終電路安排方面,應提
供獨立的最終電路予廚房內的13A插座;而客飯廳及睡房的13A插
座則可各自佔一組獨立的最終電路。

綜合以上各項，一個三房兩廳住宅單位(以單相供電及面積不超過100m^{2}為例)的典型最終電路設計如下(圖6.7)：

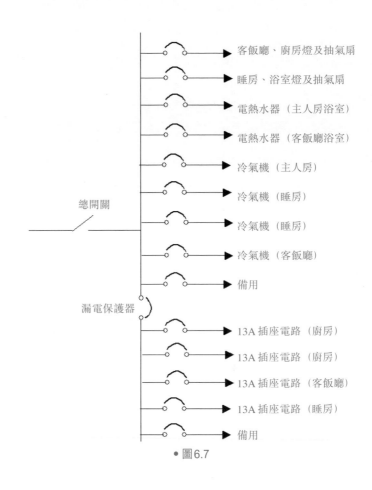

客飯廳、廚房燈及抽氣扇

睡房、浴室燈及抽氣扇

電熱水器（主人房浴室）

電熱水器（客飯廳浴室）

冷氣機（主人房）

冷氣機（睡房）

冷氣機（睡房）

冷氣機（客飯廳）

備用

13A 插座電路（廚房）

13A 插座電路（廚房）

13A 插座電路（客飯廳）

13A 插座電路（睡房）

備用

總開關

漏電保護器

● 圖6.7

每個最終電路的保護器件之「電流額定值」將視乎該電路之實際電流需求量而決定(可參考本書第三章所介紹的計算方法)。以上述的住宅單位為例,可參考以下的數值(表6-1):

	保護器件之電流額定值
照明電路	5或6A
13A插座電路	30或32A
電熱水器(3kW)	15A
冷氣機(不超過2匹)	15或20A
漏電保護器	40或63A(餘差啟動電流:30mA)
總開關	60A雙極式開關掣

● 表6-1

6.2 低壓配電系統電路

不同類型的樓宇,其配電系統都是按各自的電力設施及電流需求而設定的。圖6.8所介紹的是經由一個變壓器供電的多層大廈低壓配電系統的典型電路。

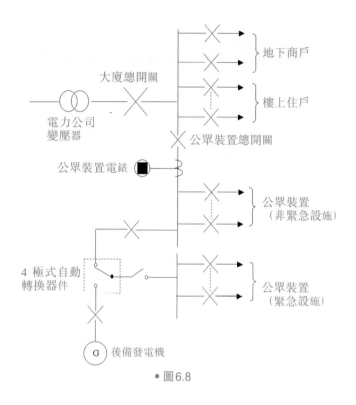

● 圖6.8

此低壓配電系統的設計要點

1. 所有地下商戶及上層用戶均須各自向電力公司申請電錶。因此，連接這些電力用戶的電路必須與公眾裝置電路分隔，以免大廈的公眾裝置電錶將商戶或及樓上住戶的電費也計算在內。

2. 大廈的所有公眾裝置的電力須經由一個公眾裝置總開關控制。

3. 公眾裝置電錶位置必須置於公眾裝置總開關之後。

4. 大廈的公眾裝置分為緊急設施(essential load)及非緊急設施(non-essential load)。

   - 非緊急設施包括:乘客升降機、沖廁水泵、食水泵、大廈照明系統等電力裝置。

   - 所有緊急設施均有後備電源支援。一般樓宇的緊急設施包括:消防設備(例如:消防泵、消防員升降機)、保安系統、大廈緊急照明系統等電力裝置。

   - 在正常情況下,所有緊急設施均是連接電力公司電源。但若在電力公司電源中斷時,這些緊急設施可經由4極式轉換器件自動接上後備電源。

TIPS

1. 雖然現時大部份的住宅、工商業樓宇的配電系統都是將沖廁水泵及食水泵列為非緊急設施。但若要減少因欠缺正常電源供應時所帶來的不便,是值得考慮將沖廁水泵及食水泵列為緊急設施。

2. 香港電燈有限公司之「接駁電力供應指南」的第五章,是主要介紹大廈公眾裝置電錶的位置,但也可從中了解其他不同類型(例如:兩個變壓器供電)的低壓配電系統的電路安排,值得大家參考。

7 過流保護

7.1 過流（Overcurrent）

當電路出現過載或故障的情況時，便會產生過流現象。

7.1.1 過載（Overload）

導致一個電路出現過載的原因有很多。例如：

- 設計時低估了電路之實際電流需求量。
- 連接過多負荷於同一電路上。
- 電動機起動時所產生之起動電流。

一般比正常超出兩至三倍的電路電流皆可被視為過載電流。相對於故障電流，屬於溫和的過流現象。

7.1.2 故障（Fault）

故障電流主要源於**相線與相線**之間的短路或**相線與地**之間的短路（Short circuit）。短路的主要原因是電纜絕緣受損所引起。此外，電力器具、匯流排、電掣等因滲水所導致的短路也是電路發生故障的常見例子。

在設計時，通常都是盡量使用一個保護器件來提供電路的「過載」及「故障」保護。否則便須選擇不同的保護器件來分別負責過載保護及故障保護了。

7.2 過載保護

雖然一般輕微或短暫的過載是不會對電路產生即時的傷害。但一個良好的電路設計也必須配置適當的過載保護，因為持續的過載電流當流經電路導體時所產生的熱力，是足以破壞該電路電纜及其設備的絕緣。

有效的過載保護須符合兩項條件：

條件一：$I_Z \geq I_n \geq I_b$

條件二：$I_2 \leq 1.45 \times I_Z$

I_b —— 電路設計電流（Design current）

I_n —— 保護器件的標稱電流或額定電流值

（Nominal current or current setting）

I_Z —— 導體的載流量（Current-carrying-capacity）

I_2 —— 保護器件的有效操作電流（表7-1）

保護器件類別	有效操作電流 I_2
MCB	常規脫扣電流 * (Conventional tripping current)
BS88熔斷器	熔斷電流 * (Fusing current)

● 表7-1　保護器件的有效操作電流

* 有關常規脫扣電流及熔斷電流的定義請參閱第九章。

例一：

如圖7.1所示，此單相220V電路的保護器件是一條符合IEC 60898 Type B的小型斷路器(MCB)；電纜導體的載流量(I_z)是19A，求此保護器件的額定電流值(I_n)。

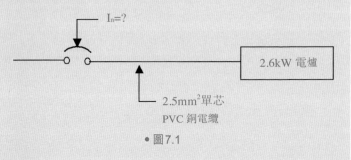

● 圖7.1

題解：

電路設計電流：

I_b = 2.6kW ÷ 220V = 11.8A

電纜導體載流：

$I_z = 19A$

過載保護條件：

條件一：$I_z \geq I_n \geq I_b$

要符合此規定，MCB的額定電流I_n應介乎I_b與I_z（即11.8A至19A）之間。因此初步可選擇15A MCB作為此電路的保護器件。

條件二：$I_2 \leq 1.45 \times I_z$

符合IEC 60898 Type B的MCB，其常規脫扣電流是$1.45 \times I_n$。

$\therefore I_2 = 1.45 \times 15 = 21.75A$；而

$1.45 \times I_z = 1.45 \times 19 = 27.55A$；因此，

$I_2 \leq 1.45 \times I_z$。

$\therefore$ 此電路可選擇符合IEC 60898 Type B的15A MCB作為過載保護器件。

⊸◦◦◦◦◦◦ TIPS ◦◦◦◦◦◦⊸

在工作守則9B中說明：若所選擇之過載保護器件是符合BS 88 Part 1及6或BS 1361的熔斷器及IEC 60898的MCB，只要其額定電流值(I_n)是符合$I_z \geq I_n \geq I_b$的要求，這些過載保護器件的有效操作電流值(I_2)也可被視為符合$I_2 \leq 1.45 \times I_z$的要求。

故障保護

　　因短路而產生的故障電流非常大，所產生的熱力足以破壞電路的絕緣。嚴重者更令電纜絕緣燃燒起來，導致火災。而當短路發生時而出現的電弧更可能引起爆炸。因此，所有電路必須配置有效的故障保護器件，能在短路發生時迅速地把短路電流截斷，使電路所受的傷害減至最低。

7.3.1 故障保護的條件

　　有效的故障保護須符合兩項條件：

條件一：　所選擇之保護器件的「斷流容量」必須人過所保護電路的「最大預計短路電流」。

條件二：　保護器件須在所保護的電路發生短路時，能「及時」把短路電流截斷，以免該電路電纜絕緣受到破壞。要滿足此要求，保護器件的操作時間(t)必須符合下列公式：

$$k^2S^2 \geq I^2t$$

t —— 當發生電路故障時保護器件的操作時間(秒)

S —— 電路導體的截面積(mm^2)

k —— 帶電導體因數(參考表7-2)

I —— 最小預計短路電流(安培)

下列之 k 數值（表7-2）祇適用於保護器件在5秒內把電源切斷。若切斷時間超過5秒，可參考電纜生產商所提供的有關數值。

導體材料	電纜絕緣材料	k
銅	70℃ PVC	115/103*
	85℃ PVC	104/90*
	XLPE	143

● 表7-2　（摘錄自BS 7671表（43A））
* 適用於導體截面積超過300mm^{2}的電纜。

7.3.2 最大預期短路電流的計算

（Maximum prospective short circuit current）

三相電路

以下是在三相電路中可能發生的短路情況：

● 三相短路；

● 相線與相線間之短路；

● 相線與相線間但流經地之短路；

● 相線與地間之短路。

在大部分情況下，以平衡的「三相短路」所產生的短路電流為最大，如圖7.2所示。

因此，在用戶裝置中因三相短路而產生的最大預期短路
電流是：

$$I_{sc} = \frac{V_p}{Z_p + Z_1}$$

V_p ── 標稱相線對中線電壓

Z_p ── 供電系統之每相短路阻抗

Z_1 ── 從來電總掣至保護器件間的阻抗

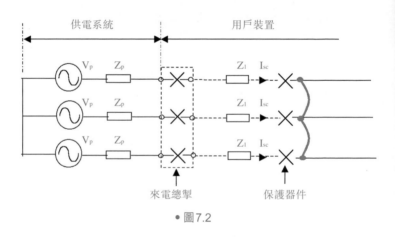

• 圖7.2

由圖7.2可見，若短路是發生在來電總掣所處位置，預期
短路電流便會是：

$$I_{sc} = \frac{V_p}{Z_p}$$ 此短路電流亦是整個用戶裝置中最大的預期
短路電流。

單相電路

若所考慮的是單相電路，如圖7.3所示，單相電路的最大預期短路電流是：

$$I_{sc} = \frac{V_p}{Z_p + Z_n + Z_1 + Z_{n1}}$$

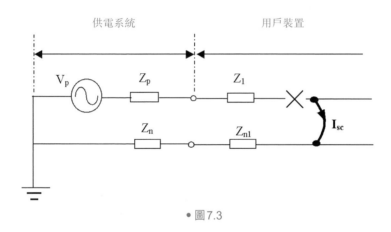

● 圖7.3

7.3.3 最小預期短路電流的計算

（Minimum prospective short circuit current）

當短路發生的位置若離開保護器件越遠，則短路電流便會越小，因此當短路位置出現於負載點，如圖7.4所示，電路便會產生最小預期短路電流。

一般來說，無論是三相或單相電路，**單相接地故障**所產生的電流可視為該電路的最小預期短路電流。有關接地故障電流的計算，可參閱第八章。

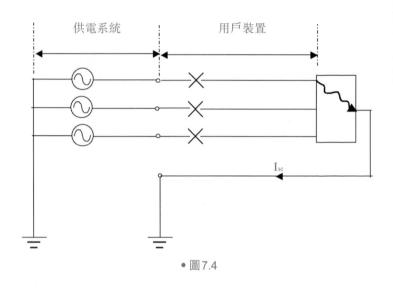

• 圖7.4

● 例二：

　　如圖7.5所示，某用戶從大廈300A上升總線獲取電力供應。設此分支電路是以63A MCCB作為保護器件，求此保護器件所須的斷流容量。

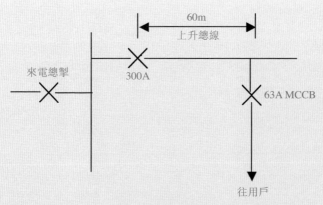

• 圖7.5

● 題解：

　　要計算電力裝置內某一點的預期短路故障電流，是須包括連接此電力裝置的供電系統之阻抗值。系統阻抗包括：饋電纜網絡的電阻和電抗；變壓器的電阻和電抗；及連接電力公司變壓器與用戶來電總掣間之電纜的電阻和電抗。這些資料是必須由電力公司提供的。但在設計時如沒有這些資料，可參考工作守則表9(2)及9(3)來作出判斷。

　　（注意：表9(3)所提供的是保護器件的最低三相斷流容量參考值*。但此數值也適用於一般的單相電路。）

　　此例中的連接用戶的分支電路是距離上升總線支總掣約60m。根據工作守則表9(3)，此處預期故障電流是11kA。因此，分支電路保護器件(63A MCCB)的斷流容量必須大於11kA。

　　* 工作守則2020年版表9(3)已不再列出這些參考值。

例三：

　　如圖7.6所示，此單相220V電路是以63A BS 88熔斷器作為保護器件。若在此熔斷器裝置點的預期短路電流是3kA，熔斷器至負載的距離約為87m。試求：

　　此電路於負載點的預期短路電流；及當短路發生於負載點時，63A熔斷器能否提供電纜足夠的短路保護？

假設：

● 帶電導體因數(k)是115；

● 16mm² PVC單芯銅導體電纜於短路時的阻抗值是1.68Ω/km

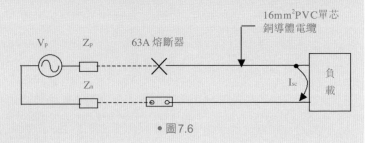

● 圖7.6

題解：

1. 如圖7.7，若在熔斷器裝置點的預期故障電流是3kA，則

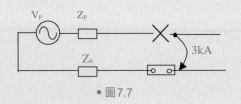

● 圖7.7

$$I_{sc} = \frac{V_p}{Z_p + Z_n}$$

$$\therefore 3{,}000 = \frac{220}{Z_p + Z_n}$$

$$\therefore Z_p + Z_n = 0.073\Omega$$

由熔斷器至負載之間的電纜總阻抗：

$2 \times 87m \times 1.68\,\Omega/km = 0.292\,\Omega$

∴ 於負載點的預期短路電流：

$$I_{sc} = \frac{220}{0.073 + 0.292} = 603A$$

2. 電路的63A熔斷器能否提供電纜足夠的短路保護，則須要

   應用下列公式來評估：

   $k^2S^2 \geq I^2t$，當短路電流

   $I = 603A$，63A熔斷器的操作時間

   $t = 0.18s$

   $k^2S^2 = 115^2 \times 16^2 = 3{,}385{,}600$；

   $I^2t = 603^2 \times 0.18 = 65{,}449$；

   $\therefore k^2S^2 \geq I^2t$

   因此63A熔斷器能提供此電纜足夠的短路保護。

7.4 支援保護（Back up protection）

在很大的故障電流下，BS 88熔斷器因有較快的操作時間，可為其他保護器件（例如：MCB，MCCB）提供支援保護。

工作守則表9(2)中列出過流保護器件在連接不同類別的電源情況下所須之最低斷流容量。此表也列出故障保護器件若已有BS 88熔斷器作為支援保護，則該故障保護器件的斷流容量便可低於其裝置點的預期故障電流。

例四：

在例二中的63A MCCB所須的斷流容量是11kA。但若有一條63A BS 88熔斷器作其支援保護（圖7.8），從工作守則表9(2)中得知，則此63A MCCB的斷流容量只需超過4.5kA便可。

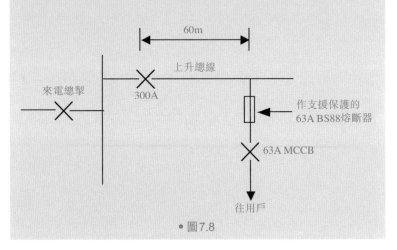

• 圖7.8

7.5 過流保護器件的位置

　　過流保護器件無論用作過載保護或故障保護，應安裝於容易進行維修的地方。

　　過流保護器件應設於電力路裝置內導體載流量值減少的位置。但在一些特殊的情況下，例如在上升總線裝置分線位置的電路上（如圖7.9所示），則可將保護器件設於距離導體載流量值減少的位置不超過3米的地方。

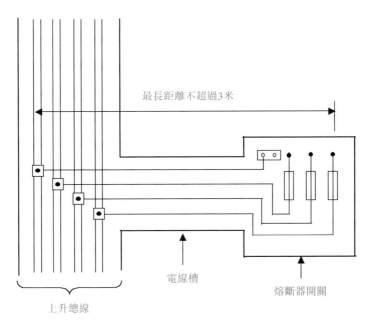

最長距離不超過3米

電線槽

熔斷器開關

上升總線

• 圖7.9

8 觸電保護

發生觸電的原因很多，但歸納起來，可分為：「直接觸電」和「間接觸電」。

8.1 直接觸電與間接觸電

- 直接觸電——觸及電力裝置帶電部份所引致的觸電。(圖8.1)
- 間接觸電——觸及電力裝置因故障而帶電之**外露非帶電金屬部分**(名詞解釋)而所引致的觸電。(圖8.2)

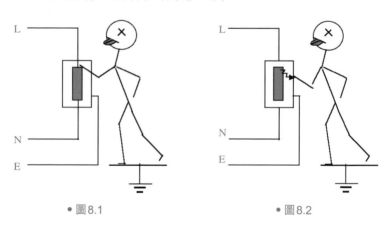

• 圖8.1　　　　　　　　　　　• 圖8.2

～ 名詞解釋

外露非帶電金屬部分(Exposed-conductive part)是屬於電力裝置中可觸及但在正常的情況下不會帶電的的金屬部分。例如：金屬導管及線槽、電纜的護甲、電力器具及電掣等的金屬外殼。

根據 IEC 60364,「基本防護」的措施包括:

- 將帶電部分絕緣(例如:導體絕緣)
- 用外殼或障礙板(例如:電掣外殼、配電箱的隔氣板)
- 用障礙物(例如:欄杆、圍欄等)(見附錄5圖13)
- 將帶電部分放置於人體可觸及的範圍之外(例如:架空電纜) (圖8.4)

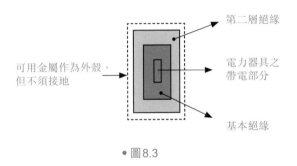

第二層絕緣

可用金屬作為外殼,但不須接地

電力器具之帶電部分

基本絕緣

• 圖8.3

根據 IEC 60364,「故障防護」的措施包括:

- 接地等電位接駁及自動切斷電源
- 第二級器具——即採用有雙重絕緣或加強絕緣的電力器具(圖8.3)
- 電器性分隔——採用符合BS 3535安全變壓器作為分隔電源。
- 不導電位置。
- 不接地的局部等電位接駁。

　　香港主要採用「接地等電位接駁及自動切斷電源」的方法作為預防「間接觸電」的防護措施。

接地等電位接駁及自動切斷電源

8.2.1 接地等電位接駁

　　如圖8.4所示，在每一電力裝置上，若將所有可被觸及的金屬部分，包括外露非帶電金屬部分或**非電氣裝置金屬部分**(名詞解釋)皆經總接地終端連接至大地，則會構成一個與大地連接的等電位區域。目的是使電力裝置上的金屬部分與大地之間或各金屬部分之間，不會產生可引致電擊的電位差。

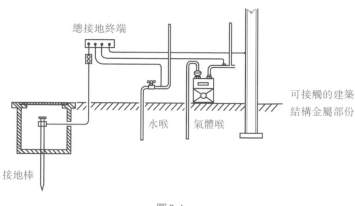

• 圖8.4

—~\|||||| **名詞解釋** ||||||—

非電氣裝置金屬部分(Extraneous-conductive-part)是指一般非電力裝置金屬部分，例如：水喉、煤氣喉、建築結構鋼架等。這些喉管或鋼架因與大地接觸而引進相等於大地(即接近零伏特)的電位。

8.2.2 自動切斷電源

等電位接駁只能減少電擊的危險。但當電路發生接地故障時，電路須有適當的保護器件自動地把接地故障電流切斷。

常用的自動切斷電流的保護器件包括MCB、MCCB、熔斷器或電流式漏電保護器(RCD)。

(注意：在香港，插座電路必須由額定餘差電流值不超過30 mA的「電流式漏電保護器」提供接地保護)

工作守則11B對保護器件於發生接地故障時的操作時間，有以下的要求：

- 電路如供電予等電位區域內的固定器具，則當發生接地故障時，其保護器件必須於0.4秒(註1)〔工作守則2003年版的有關要求是5秒〕內將電流切斷。

- 電路如供電予等電位區域以外的固定器具，當發生接地故障時，其保護器件必須於0.2秒(註2)〔工作守則2003年版的有關要求是0.4秒〕內將電流切斷。

註1：

超逾32安培的電路、第3類電路、供電予不易為公眾接觸且必要性器具的電路、或供電予維生系統的電路，電流可於5秒內被切斷。

註2：

超逾32安培的電路、第3類電路、供電予不易為公眾接觸且必要性器具的電路、或供電予維生系統的電路，電流可於0.4秒內被切斷。

8.3 接地安排

香港採用的是 TT 接地系統。如圖 8.5 所示，此系統的特點是：

1. 電源側有一點直接與大地連接；

2. 用戶電力裝置內所有外露非帶電金屬部分直接與大地連接。

3. 電源側及用戶電力裝置各自擁有獨立的接地極。

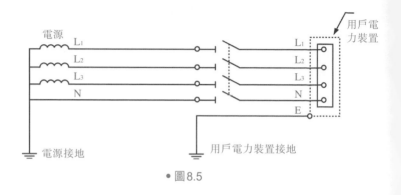

• 圖 8.5

香港的電力公司將其配電變壓器二次側繞組的中性點連接至大地作為電源的接地安排。在一般情況下，電力公司是允許電力用戶的接地系統連接至其接地系統。如圖 8.6 所示，電力公司從本身的接地系統連接一條保護導體至電力用戶的總電掣房。常見的情況是，當用戶的電力直接來自電力公司的配電變壓器，兩者的接地系統便是利用過牆接駁裝置而互相連接起來；若用戶電力來自供電電纜，便把用戶的總接地終

端連接至供電電纜的裝甲或金屬護套。但在任何情況下，用戶是不可只靠電力公司的接地極作為他們主要或唯一的接地極。

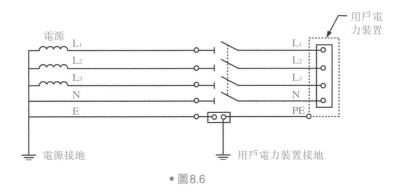

• 圖8.6

8.4 接地系統

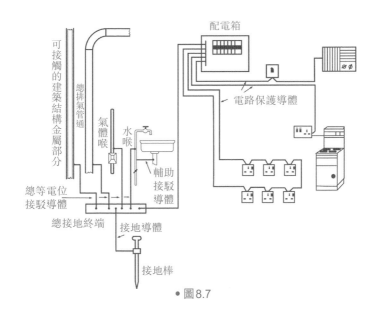

• 圖8.7

如圖8.7所示，電力用戶的整個接地系統由不同的保護導體（包括：接地導體、總等電位接駁導體、電路保護導體及輔助接駁導體）、總接地終端及接地極所組成。

8.4.1 接地極

工作守則12接受下列任何一項作為接地極：

1. 接地棒或喉管

2. 接地帶或線

3. 接地板

4. 藏於混凝土的鋼筋

很多電力裝置都是以「接地棒」（俗稱：銅棍）或「藏於混凝土的鋼筋」作為接地極。工作守則12C規定銅接地棒的直徑不可小於12.5mm，若有超過一條接地棒藏於地下，則各接地棒之間的距離不應小於3.5m或大於插入泥土長度兩倍的距離。常用的接地棒一般是1.2m或1.5m長，如需加長接地棒（一般不超過兩截），應以銅耦合器把每截接地棒連接起來。

⚡〰〰 TIPS 〰〰

若要在舊式電力裝置上敷設新的接地極，可選擇混凝土鋼筋作為接地極。若要使用接地棒作為接地極，則要提防當把接地棒插進地底時，接地棒可能會碰擊藏於地底內的設施（例如：電纜、水管、煤氣喉等），後果可能非常嚴重。

8.4.2 接地導體

接地導體是把「總接地終端」及「接地極」連接起來。一般是以25mm（闊）×3mm（厚）的銅帶或70mm^{2}單芯銅電纜所組成。而藏於地下部份的接地導體則應以塑膠喉通保護。上述的尺寸均超愈工作守則11H有關接地導體截面積的最低要求。

8.4.3 總接地終端

總接地終端(見附錄5圖15)，一般是以50mm（闊）×6mm（厚）的銅帶來組成。主要是把「總等電位接駁導體」及「電路保護導體」連接至接地導體。

8.4.4 總等電位接駁導體

總等電位接駁導體是把所有非電氣裝置金屬部分連接至總接地終端。一般常見的非電氣裝置金屬部分包括：總水喉管、氣體喉管、中央空氣調節系統的上升管導、外露的金屬建築結構部分及避雷裝置等。工作守則11E規定總等電位接駁導體的截面積不可小於6mm^{2}銅等值及不應小於接地導體截面積的一半，但不需超過25mm^{2}銅等值。

8.4.5 輔助接駁導體

在等電位區域的一些非電力裝置金屬部分。例如:接近插座的窗框、水管等。若這些金屬件與其他「非電氣裝置金屬部分」或「外露非帶電金屬部分」的分隔距離不多於2m,便可被視為同時接觸得到的距離,而須要將這些金屬件上個別作輔助等電位接駁。若以單芯PVC銅電纜作為輔助接駁導體(明敷佈線方式),則最小截面積是2.5mm^2(有護套)或4.0mm^2(無護套)。

8.5 電路保護導體

電路保護導體是把每個電路的外露非帶電金屬部分連接至總接地終端。常用的電路保護導體包括:

- 單芯PVC銅電纜(俗稱:黃綠水線)(見附錄5圖16)
- 電纜護甲
- 銅帶(見附錄5圖17)
- 金屬硬導管及線槽

「黃綠水線」是最常採用的電路保護導體,工作守則11C對其最小截面積有以下的規定:

- 明敷線路:2.5mm^2(有護套)及4.0mm^2(無護套);

- 藏於導管或線槽：$1.0mm^2$

電路保護導體的尺寸與該電路的接地故障電流大小有直接關係。接地故障電流愈大，則所須的電路保護導體的截面積也會愈大。

8.6 接地故障電流的計算

電路的保護器件能否於工作守則 11 所規定之時間內把故障電流截斷，是要視乎接地故障電流的大小而定。接地故障電流愈大，保護器件便能愈快地把故障電流截斷，減低接地故障電流對電路及其使用者所帶來的危險。電路的接地故障電流的大小，是與該電路的接地故障環路阻抗 (Z_s) 有關。如圖 8.8 所示。

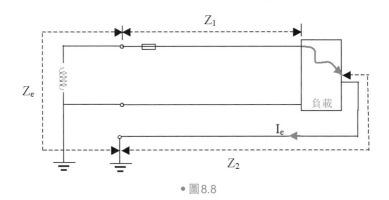

• 圖 8.8

$$Z_s = Z_e + Z_1 + Z_2$$

Z_e —— 電力裝置外的環路阻抗

Z_1 —— 由供電點至負載間導體之阻抗

Z_2 —— 由負載至接地極間保護導體之阻抗

將 Z_s 代入下列公式，便可求得接地故障電流 I_e。

$$I_e = \frac{U_o}{Z_s}$$

I_e —— 接地故障電流

U_o —— 相線對地電壓

Z_s —— 接地故障環路阻抗

8.7 最大接地故障環路阻抗（Z_{smax}）

● 電路以熔斷器（Fuse）、MCB 或 MCCB 作為保護：

電路如供電予等電位區域內的固定器具，在每一用電點的最大接地故障環路阻抗，須能使電流在 0.2 秒、0.4 秒或 5 秒內（見本章 8.2.2）被切斷。要滿足上述條件：

$$Z_{smax} \times I_a \le U_o \times C_{min}$$

$$\therefore Z_{smax} = \frac{U_o}{I_a} \times C_{min}$$

Z_{smax} ─ 電路的最大接地故障環路阻抗

U_o ─ 相線對地電壓

I_a ─ 當電路保護器件於0.2秒、0.4秒或5秒啟動時的
操作電流

C_{min} ─ minimum voltage factor

（C_{min}是考慮到 U_o 有可能出現變化的情況。根據 BS
7671：2018，此因數定為0.95）

$$\therefore Z_{smax} = \frac{U_o}{I_a} \times 0.95$$

- 電路以電流式漏電斷路器(RCCB)作保護，則

$$Z_{smax} \times I_{\Delta n} \leq 50 \text{ V}$$

$$\therefore Z_{smax} = \frac{50V}{I_{\Delta n}}$$

$I_{\Delta n}$ ─ 電流式漏電斷路器的額定餘差啟動電流

電路以電流式漏電斷路器作保護時的最大接地故障環路
阻抗：

$I_{\Delta n}$	30 mA	100 mA	1 A	3 A
$Z_{smax} = 50V / I_{\Delta n}$	1667 Ω	500 Ω	50 Ω	16.7 Ω

● 例一：

　　如上頁圖8.8所示，某220 V電力裝置採用32A BS88熔斷器作為保護器件，若此電路的接地故障環路阻抗(Z_s)是1.76 Ω，

　　（i）求此電路的接地故障電流 Ie 是多少？

　　（ii）若此電路的負載是置於室內的緊急照明設備，當這些固定器具發生接地故障時，熔斷器能否根據工作守則11B所規定的時間內把接地故障電流截斷？

● 題解：

　　（i）

$$I_e = \frac{U_o}{Z_s}$$

$$= \frac{220}{1.76} = 125A$$

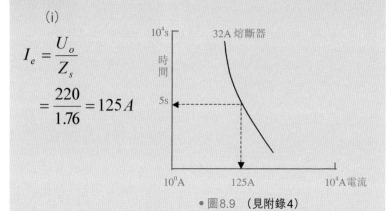

● 圖8.9　（見附錄4）

(ii)

根據工作守則11B的規定(見本章8.2.2)，等電位區域內的固定器具如屬於第3類電路(例如：緊急照明設備)，如發生接地故障，其所屬電路(不超逾32 A的電路)的保護器件必須於5秒內將電流截斷。

從圖8.9中得出32 A熔斷器於I_e=125 A時的操作時間是5秒。因此，電路的32 A熔斷器能根據工作守則所規定的時間內把接地故障電流截斷。

例二：

若上述電路的負載是置於室內的非緊急照明設備，當這些設備發生接地故障時，熔斷器能否根據工作守則11B所規定的時間內把接地故障電流截斷？

題解：

根據工作守則11B的規定，等電位區域內的固定器具(例如：非緊急照明設備)，如發生接地故障，其所屬電路(不超逾32 A的電路)的保護器件必須於0.4秒內將電流截斷。

從圖8.9中得出32 A熔斷器於I_e=125A時的操作時間是5秒。因此，電路的32 A熔斷器不能根據工作守則所規定的時間內把接地故障電流截斷。

若仍然要採用32A BS88熔斷器作為例二電路的保護器件，求此電路可容許的最大接地故障環路阻抗(Z_{smax})是多少？

● 題解：

根據工作守則11B的規定，等電位區域內的固定器具（例如：非緊急照明設備），如有發生接地故障，其所屬電路（不超逾32 A的電路）的保護器件必須於0.4秒內將電流截斷。

從圖8.10可以得出，若32A熔斷器的操作時間是0.4秒，則經過此熔斷器的接地故障電流(I_e)是220A。

$$Z_{smax} = \frac{U_o}{I_a} \times 0.95$$

$$= \frac{220}{220} \times 0.95 = 0.95 \ \Omega$$

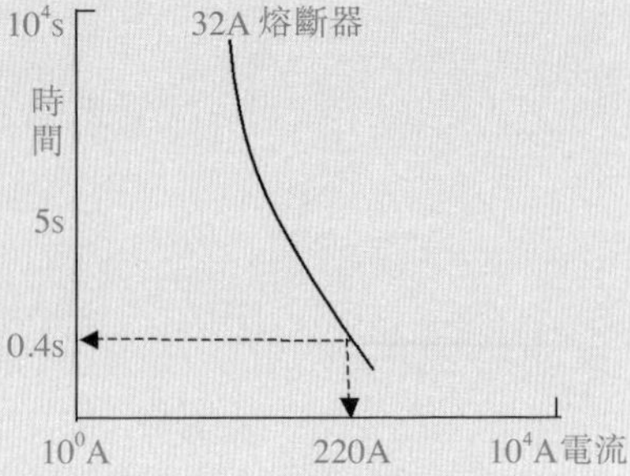

● 圖8.10 （見附錄4）

此電路的最大接地故障環路阻抗(Z_{smax}) = 0.95 Ω

（從工作守則表11（8）中可得出此電路的最大接地故障環路阻抗值是0.95Ω）

一電路以某牌子250 A MCCB作為保護器件而相對地電壓為220 V。若這電路發生接地故障時保護器件能於5秒內將電流切斷，求此電路的最大接地故障環路阻抗(Z_{smax})？（假設250 A MCCB的時間-電流特性曲線 如圖8.11所示）

● 題解：

從圖8.11中可得出250 A MCCB於

I_e=1,000A時的操作時間是5秒。

$$Z_{smax} = \frac{U_o}{I_a} \times 0.95$$

$$= \frac{220}{1,000} \times 0.95 = 0.21 \ \Omega$$

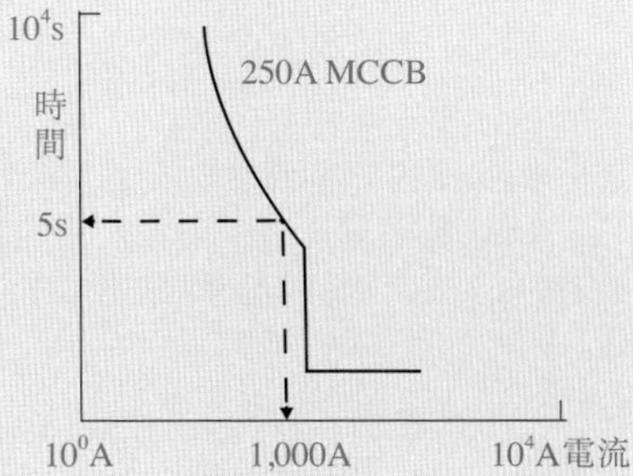

● 圖8.11

此電路的最大接地故障環路阻抗(Z_{smax}) = 0.21 Ω

• 若電路發生接地故障時，該電路的接地故障環路阻抗，須能使電流在指定時間內被切斷。以標稱電壓為 220 伏特的電路來計算，電路的「最大接地故障環路阻抗」可參考工作守則 11 中下列各表：

保護器件類型	指定自動切斷電源時間	可容許的「最大接地故障環路阻抗」
符合 BS 88-2 的一般用途熔斷器的一般用途(gG)及電動機電路應用(gM)熔斷器 - 熔斷器系統 E（螺栓連接）及系統 G（夾緊式）	0.2秒內	表 11(8)
	0.4秒內	表 11(8)
符合 BS 88-3 熔斷器系統C或等效規定的熔斷器	0.2秒內	表 11(9)
	0.4秒內	表 11(9)
符合 IEC 60898 或等效規定的微型斷路器（MCB）	0.2秒、0.4秒或5秒內	表 11(10)
符合 BS 88-2 的一般用途熔斷器的一般用途(gG)及電動機電路應用(gM)熔斷器 - 熔斷器系統 E（螺栓連接）及系統 G（夾緊式）	5秒內	表 11(11)
符合 BS88-3 熔斷器系統C或等效規定的家庭用途熔斷器	5秒內	表 11(12)

當電路以電流式漏電斷路器（RCCB）作保護時的最大接地故障環路阻抗不應超出表 11 (14) 所列的數值。

8.8　電路保護導體的尺寸

可以採用以下方法來決定：

方法一

根據表 8-1，「電路保護導體」與該電路的「相導體」的截

面積關係如下：

相導體的截面積(mm²)	相應保護導體的最小截面積(mm²) (設保護導體與相導體採用相同的材料)
$S \leq 16$	S
$16 < S \leq 35$	16
$S > 35$	$\dfrac{S}{2}$

● 表8-1 （節錄自工作守則表11(2)）

　　此表的好處是方便易記，但評估出來的保護導體可能會比實際所需的尺寸為大。常用的保護導體一般不會超過70mm²單芯銅電纜或25mm×3mm銅帶。所以，若評估出來的保護導體超過70mm²，可利用方法二來計算所需之保護導體的尺寸。

方法二

依照BS 7671所列之公式來計算保護導體的截面積：

$$S \geq \frac{\sqrt{I^2 t}}{k}$$

S　── 保護導體的截面積

I　── 接地故障電流

t　── 保護器件操作時間

k　── 保護導體因數(參看表8-2)

使用情況	保護導體材料	k
保護導體並非藏於電纜內及非與電纜捆紮在一起	70℃ PVC 絕緣銅導體 90℃ XLPE 絕緣銅導體	143/133* 176
保護導體藏於電纜內或與電纜捆紮在一起	70℃ PVC 絕緣銅導體 90℃ XLPE 絕緣銅導體	115/103* 143

● 表8-2　（摘錄自工作守則表11(2)(b)及(c)）

* 適用於導體截面積超過300mm^{2}的電纜。

● 例五：

某固定電力裝置的設計如下：

保護器件：125A BS 88熔斷器；

相導體：50mm^{2}單芯PVC銅電纜。

求此電路的保護導體之最小截面積是多少？

● 題解：

使用方法一：

相導體的截面積S = 50mm^2，因此根據表8-1，若

S > 35，保護導體的最小截面積為：

$$\frac{S}{2} = 25mm^2$$

● **例六：**

若上例的固定電力裝置採用16mm² 單芯PVC銅電纜作為保護導體。裝置的接地故障環路阻抗(Z_s)是0.275Ω，求此16mm² 單芯PVC銅電纜是否適合作為保護導體？

（假設：保護導體因數 k =143）

● **題解：**

使用方法二：

接地故障電流

$$I_e = \frac{U_o}{Z_s} = \frac{220}{0.275} = 800A$$

從125A熔斷器的「時間－電流特性圖」中可得出，當800A電流經過此熔斷器時，熔斷器會約於2.5秒熔斷。

$$\therefore S \geq \frac{\sqrt{I^2t}}{k} = \frac{\sqrt{800^2 \times 2.5}}{143} = 8.8\text{mm}^2$$

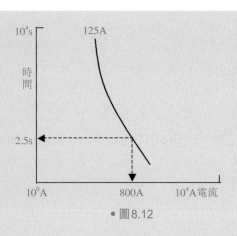

時間

10^4s

125A

2.5s

10^0A 800A 10^4A電流

● 圖8.12

根據方法二的計算，此電路所需保護導體必須大於8.8mm^2。
因此16mm^{2}單芯PVC銅電纜是適合作為此電路的保護導體。

注意：計算出來保護導體只須大於8.8mm^{2}便可，是否可
改用10mm^{2}的保護導體呢？答案是不一定。因為當更改保護
導體的尺寸時，即由原本的16mm^{2}改為10mm^2，接地故障環
路阻抗(Z_s)便會因保護導體的截面積減少而增大，接地故障
電流及熔斷器的操作時間也會跟着改變。所以要再重新使用
方法二來計算才可決定可否改用10mm^{2}的保護導體。

9 常用保護器件

常用的保護器件包括：

1. 熔斷器（Fuse）

2. 微型斷路器（Miniature Circuit Breaker簡稱：MCB）

3. 模製外殼斷路器（Moulded Case Circuit Breaker簡稱：MCCB）

4. 電流式漏電斷路器（Residual Current Circuit Breaker簡稱：RCCB）

9.1 熔斷器

熔斷器（見附錄5圖18）的優點是其斷流容量高，能安全地於很短的時間內把短路電流截斷。因此，非常適合用作為短路保護器件。缺點是熔斷器的熔絲若已被燒斷，熔斷器便不能再被使用。必須以相同類型及額定值的熔斷器來替換。

一般用於低壓電力裝置的熔斷器，可分為下列四類：

1. 符合BS 3036半封閉式熔斷器（semi-enclosed fuse）

此種熔斷器的熔絲是一種熔點很低的合金。但因為其載流量及斷流容量較低，且熔絲容易被換上熔點較高的銅線或其他導線，所以現在已經不再被使用。

2. 符合 BS 88 Part 2 或 Part 6 高斷流容量熔斷器

   此類熔斷器的英文名稱是：High Rupturing/Breaking

   Capacity fuse（簡稱：HRC 或 HBC fuse）。

   額定電流值：BS 88 Part2 - 2A 至 1250A；

   　　　　　：BS 88 Part6 - 2A 至 63A

   斷流容量（Breaking Capacity）：80kA

3. 符合 BS 1361 熔斷器

   I 型——額定電流值：5A 至 45A；斷流容量：16.5kA。

   II 型——額定電流值：60A 至 100A；斷流容量：33kA。

4. 符合 BS 1362 熔斷器

   額定電流值由 2A 至 13A（其中 3A 及 13A 熔斷器最常用於

   插頭內）；斷流容量：6kA。

9.1.1 熔斷電流（Fusing current）

這是指在一定的時間（常規時間）內可使一條熔斷器的熔絲燒斷的最小電流量。熔斷器的熔斷電流如下表 9-1 所示：

熔斷器類別	額定電流 I_n	常規時間(小時)	熔斷電流
BS 88	< 16A	1	1.6 I_n
	$16 \leq I_n \leq 63A$	1	1.6 I_n
	$63 < I_n \leq 160A$	2	1.6 I_n
	$160 < I_n \leq 400A$	3	1.6 I_n
	$400 < I_n$	4	1.6 I_n
BS 1361	$5 < I_n \leq 45A$	4	1.5 I_n
	$60 < I_n \leq 100A$	4	1.5 I_n
BS 1362	$I_n \leq 13A$		1.9 I_n

● 表9-1 熔斷器的熔斷電流

舉例說：一條符合 BS 88、額定電流20A 的熔斷器，其熔斷電流便是

$1.6 \times 20A = 32A$。

此熔斷電流會於1小時內把一條20A熔斷器的熔絲燒斷。

在第七章中曾提及「有效的過載保護」須符合兩項條件：

1. $I_z \geq I_n \geq I_b$
2. $I_2 \leq 1.45 \times I_z$

其中 I_2 代表過載保護器件的「有效操作電流」。若以熔斷器作為保護器件，熔斷器的「熔斷電流」便是 I_2 了。

9.1.2 熔斷器的「熔斷時間與電流」的關係

從圖9.1中，可看到熔斷器的熔斷時間與電流成反比；即

經過熔斷器的電流愈大,熔斷時間便愈短。舉例說:一條符合 BS 88 的 25A 熔斷器,當經過的電流是 100A 時,熔斷時間是 5 秒;但若所經過的電流是 220A 時,則只需 0.1 秒便可把這條熔斷器的熔線燒斷。要留意的是一般熔斷器製造商所生產的熔斷器,其熔斷時間都會比 BS 88 所規定的為快。

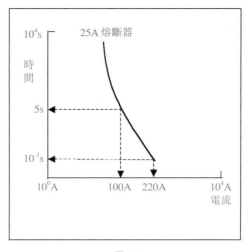

● 圖 9.1

9.2 微型斷路器（MCB）

MCB 的斷流容量雖比熔斷器小,而額定電流值一般都不超過 100A。但一般「最終電路」的「電流需求量」或「預計短路電流」較小,因此 MCB 是很適合安裝於配電箱內作為「最終電路」的過流保護器件。此外,MCB 因電路發生故障或過載而

自動脫扣後，只要將電路的故障清除，便可把MCB重新閉合，恢復電路之電源供應，所以在使用上比熔斷器方便。三極式的MCB若被用作三相電路的保護器件，只要三相電路中任何一相出現故障或過載，便會把三相電源截斷。但若以熔斷器作為三相電路的保護器件，任何一相出現故障或過載，則該相之熔斷器便會截斷該相之電源，而其他兩相電源仍會繼續保持。這樣便會出現三相電路因欠一相電源而導致其他兩相電壓上升的問題。

9.2.1 MCB 的類型

日常使用的MCB，一般都是符合BS 3871或BSEN 60898的。符合BS 3871的MCB共分為四個類型(Type 1、2、3及4)；而符合BSEN 60898的則分為三個類型(Type B、C及D*)。要留意的是BS 3871已經被BSEN 60898所取代，所以現在購買的MCB應以BSEN 60898為主。(*根據BSEN 60898-2：2001的修定，Type D MCB已被刪除)

茲將各類型MCB的特性簡述如表9-2(I_n代表MCB的額定電流值)：

類型 （Type）	若經過MCB的電流低於此數值，MCB將不會於0.1秒內脫扣	若經過MCB的電流超過此數值，MCB將會於0.1秒內脫扣	用　途
1	$2.7I_n$	$4I_n$	適合一般電阻性較高的負載（例如：電暖爐、電熱水爐等）
B	$3I_n$	$5I_n$	
2	$4I_n$	$7I_n$	適合一般有較高電感性的負載（例如：馬達、螢光燈等）
C	$5I_n$	$10I_n$	
3	$7I_n$	$10I_n$	
4	$10I_n$	$50I_n$	適合一些有較大起動電流的器具（例如：變壓器、X光機、燒焊機等）
D	$10I_n$	$20I_n$	

● 表9-2

舉例說：一條10A Type 2 MCB，其額定電流值I_n便是10A。Type 2則用來表示若經過此MCB的電流低於40A，MCB將不會於0.1秒內脫扣（Tripping）；若經過此MCB的電流超過70A，則此MCB將會於0.1秒內脫扣。

9.2.2 MCB的斷流容量

符合BS 3871的MCB的斷流容量，是以英文字母M再加數目字來代表。一般MCB的斷流容量都是在M1至M9之間（即1kA至9kA）。例如：M1代表1kA；M9代表9kA。

見附錄5圖19所示的60A MCB中，M6代表此MCB的斷流容量是6kA。

現在符合IEC/EN 60898 的MCB的斷流容量是在1.5kA至25kA之間。此數值會直接顯示在MCB的外殼上的。見附錄5圖20所示，長方形格內所示的數字是代表此MCB的斷流容量，即6,000A。

9.2.3 MCB的脫扣時間與電流的關係

如圖9.2示，MCB的脫扣時間（Tripping time）與電流的關係可分為過載及短路保護兩部分。

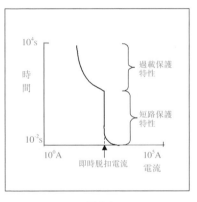

• 圖9.2

過載保護部分：脫扣時間與電流成反比；即經過MCB的電流愈大，所需的操作時間便愈快。

短路保護部分：當故障電流達到「即時脫扣電流」（Instantaneous tripping current）時，MCB會於拾數秒至0.1

秒內脫扣（實際所需之脫扣時間則視乎MCB所屬類型而定）。若故障電流超逾即時脫扣電流時，MCB所需的脫扣時間更會少於0.1秒。

9.2.4 MCB 的常規脫扣電流(I_t)

符合IEC/EN 60898 Type B, C, D的MCB的常規電流(I_t)是：

$I_t = 1.45 \times I_n$（I_n是該MCB的額定電流值）

凡$I_n \le$ 63A的MCB，持續的常規電流會使該MCB於1小時內脫扣；若相同的情況發生在 $I_n >$ 63A的MCB，則會使該MCB於2小時內脫扣。

9.3 模製外殼斷路器（MCCB）

現時使用的 MCCB 主要是符合 BSEN 60947-2 或 IEC 60947-2 的。MCCB 的脫扣特性和 MCB 相似。兩者的主要分別是MCCB的構造更加堅固，能提供更高的額定電流值及斷流容量。此外，MCCB 的額外輔件，例如：分路脫扣（Shunt trip）、輔助接點（Auxiliary contacts）等，加強了MCCB在電路保護上的應用範圍。而其過流保護的特性更可按實際情況而設定，有利於保護器件之間的區別運作。（可參閱第十五章有關MCCB的脫扣特性）

9.4 區別運作（Discrimination）

　　適當的區別運作是：當故障或過載發生於電力裝置某一位置時，只有最接近故障點的保護器件把故障或過載電流切斷，而在這電力裝置內的其他電路仍能繼續保持正常運作。如圖9.3所示，設S是此電路的上游保護器件，T及Q是此電路的下游保護器件。若出現在X位置的故障只使T操作，則Q所保護的電路仍可如常繼續運作。但若相同的故障也引致S操作的話，則Q所保護的電路也受到電源終斷的影響。

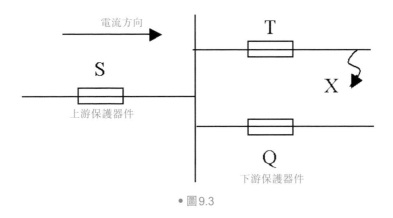

• 圖9.3

9.4.1 熔斷器與熔斷器之間的區別運作

　　在**過載**情況下，若上游熔斷器的「時間－電流特性曲線」在下游熔斷器的「時間－電流特性曲線」之上，便可達到區別運作的效果（圖9.4）。

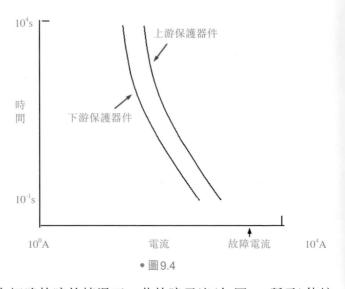

10^4s

時間

上游保護器件

下游保護器件

10^{-1}s

10^0A　　　電流　　　故障電流　　10^4A

● 圖9.4

　　在短路故障的情況下，若故障電流（如圖9.4所示）使熔斷器在不足0.1秒內熔斷，便不能用上述熔斷器的特性曲線圖來判斷上游及下游熔斷器能否達到區別運作的效果。這時便須比較每條熔斷器的「通泄能量」才可決定上游及下游熔斷器能否達到區別運作的要求。

　　要達致上游與下游熔斷器之間的區別運作，則：

上游熔斷器的「產生電弧前的通泄能量」（名詞解釋）必須大於下游熔斷器的「總通泄能量」（名詞解釋）

　　不同額定電流值的熔斷器有各自的「產生電弧前的通泄能量」及「總通泄能量」，這些數值須由該熔斷器的製造商提供。

●—〜\\\\\\\ 名詞解釋 \\\\\\\—●

1.「產生電弧前的通洩能量」(Pre-arcing let-through energy)：

故障電流由開始直至達到熔斷器的截斷電流(Cut-off current)時所產

生之熱能量。

2.「總通洩能量」(Total let-through energy)：

故障電流由開始直至把熔斷器的熔絲燒斷為止其間所產生之熱能量。

● 例一：

在圖9.5，上游保護器件：40A熔斷器及其下游保護器件：

32A及25A熔斷器能否達到區別運作的要求？

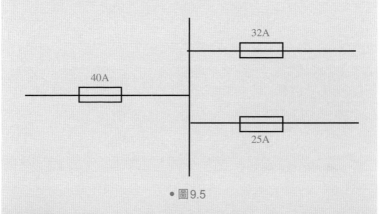

● 圖9.5

● 題解：

過載情況：

從熔斷器的「時間—電流特性圖」(圖9.6)中可看到40A熔斷

器的特性曲線在25A及32A熔斷器的特性曲線之上，故在過載
保護方面，40A熔斷器與32A熔斷器、40A熔斷器與25A熔斷器
之間的區別運作是可以達到。

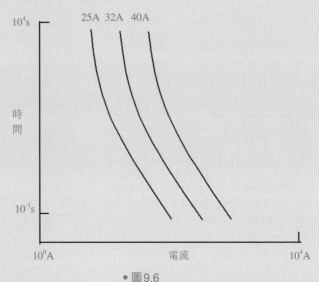

• 圖9.6

故障情況：

假設上述熔斷器的通泄能量數值如下表9-3：

熔斷器額定值	產生電弧前的通泄能量 （pre-arcing I^2t）	總通泄能量 （total I^2t）
40A	2,200	6,000
32A	1,400	2,800
25A	650	1,700

• 表9.3　熔斷器的通泄能量數值

上游熔斷器：40A 熔斷器的「產生電弧前的通泄能量」=2,200；

下游熔斷器：32A 熔斷器的「總通泄能量」=2,800；

下游熔斷器：25A 熔斷器的「總通泄能量」=1,700。

40A 熔斷器的「產生電弧前的通泄能量」< 32A 熔斷器的「總通泄能量」，兩者之間的區別運作不能達成。

40A 熔斷器的「產生電弧前的通泄能量」> 25A 熔斷器的「總通泄能量」，兩者之間的區別運作可以達成。

TIPS

在大部分的情況下，上游與下游熔斷器的額定電流值在比例上若達到 1.6：1 或以上，兩者之間便可以達到有效的區別運作。若要準確地判斷熔斷器之間能否達致有效的區別運作，便必須參考熔斷器製造商提供的數據。要留意的是，無論上游或下游的熔斷器，均須來自相同的製造商才可作出準確的比較。

9.4.2 斷路器與斷路器之間的區別運作

在過載情況下，只須比較上游及下游的斷路器「時間—電流特性圖」中過載部分，上游斷路器的特性曲線在下游斷路器的特性曲線之上，便可達到兩者之間區別運作的要求。

在故障的情況下，若故障電流是較上游斷路器的即時脫

扣電流為小,上游及下游斷路器兩者之間的區別運作可以達到。但若故障電流超過上游斷路器的即時脫扣電流,則上游及下游保護器件也會出現脫扣的情況,兩者之間的區別運作便不能達到(詳情可參閱例二)。

例二:

　在圖9.7中的40A Type C MCB可否與25A Type C MCB達致有效的區別運作?

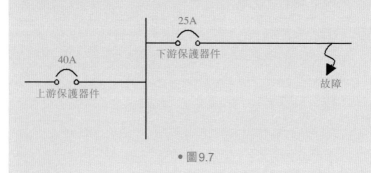

• 圖9.7

題解:

過載情況:

　從Type C MCB的「時間—電流特性圖」中可看到40A MCB的特性曲線在25A MCB的特性曲線之上(圖9.8),故40A MCB及25A MCB之間的區別運作是可以達到。

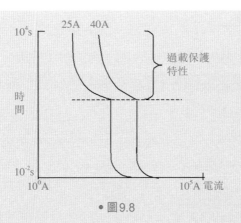

• 圖9.8

故障情況：

　　如圖9.9所示，25A Type C MCB的即時脫扣電流是250A；而40A Type C MCB的即時脫扣電流是400A。若故障電流不超過400A，則25A及40A MCB之間的區別運作仍可以達到。若故障電流超過400A（箭咀所示），則25A及40A MCB也會出現脫扣的情況，兩者之間的區別運作便不能達到。

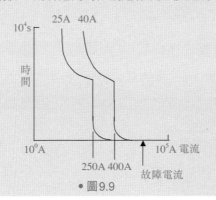

• 圖9.9

解決方法：

1. 可選擇40A Type D MCB作為上游的保護器件，此MCB的即時脫扣電流若為800A。若故障電流不超過800A，則Type D MCB在故障保護方面可和25A Type C MCB達致有效的區別運作。但要留意的是Type D MCB的過載保護特性和Type C MCB有所不同。設計者也應留意Type D MCB的過載保護特性是否配合電路原本在過載保護方面的要求。

2. 選擇一些可將其「過流保護特性」調整的MCCB作為上游的保護器件。這些MCCB可按實際需要而調整其即時脫扣電流的大小，也可以廷遲啟動其即時脫扣功能。如圖9.10所示，若把上游斷路器的的即時脫扣時間廷遲，使下游斷路器先清除故障，便可以達到區別運作的效果。

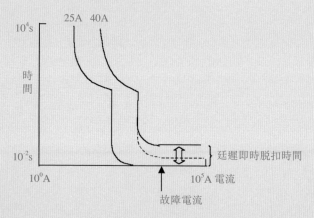

• 圖9.10

9.4.3 熔斷器與斷路器之間的區別運作

上游保護器件：斷路器；

下游保護器件：熔斷器。

如圖9.11所示，若上游斷路器的脫扣特性曲線在下游熔斷器的「時間—電流特性曲線」之上，便可達到有效的區別運作。

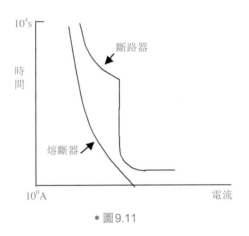

• 圖9.11

上游保護器件：熔斷器；

下游保護器件：斷路器。

如圖9.12所示，若上游熔斷器的「時間—電流特性曲線」在下游斷路器的脫扣特性曲線之上，便可達到有效的區別運作。但若故障電流超過某數值時(箭咀所示)，熔斷器的操作時間比斷路器更快，這時區別運作便會失效。

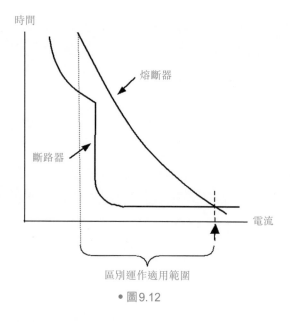

時間

熔斷器

斷路器

電流

區別運作適用範圍

● 圖9.12

9.5　電流式漏電斷路器(RCCB)

如圖9.13所示，RCCB的操作原理是當電路發生接地故障或漏電時，繞過鐵芯的相電流I_L及回路電流I_N所產生的磁場便不能互相抵銷。因此而產生的剩餘磁力，便會觸動內部的繼電器把電路的電源截斷。

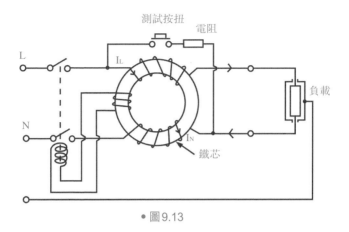

測試按扭   電阻

L

N

I_L

I_N

鐵芯

負載

• 圖9.13

用於保護最終電路的RCCB額定值(I_n)一般是32A、40A

及63A。而用於保護插座電路的RCCB，其額定餘差電流值

($I_{\triangle n}$)則不可超過30mA。要留意的是一般的RCCB是不可

以用作過流保護器件。但輔有「過流保護」的RCCB（簡稱：

RCBO）則可同時提供過流及漏電保護。

10 檢查及測試

完成固定電力裝置的安裝或維修工作後，在未被正式接上電源前，必須由註冊電工檢查、測試及發出證明書，以確保該電力裝置符合電力條例有關的規定，保障電力裝置使用者的安全。

10.1 檢查

為電力裝置進行檢查的主要目的是要證明：

- 所選擇的電力器具及材料已符合在設計上及工作守則所接受的標準；
- 電力器具安裝的位置已正確；
- 所採用的安裝方法已符合在設計上及工作守則所規定之技術要求；
- 電力裝置中已完成安裝的部分沒有明顯破損的地方。

上述的檢查主要是以「目視」方式，並在「不帶電」的情況下來進行。其實，在電力裝置的施工期間，尤其是大型的裝置，應盡早進行檢查的工作。當發現有違設計上或工作守則上的規定時，便可盡快作出適當的修改。若是待整項工程完成後才發覺有問題的話，不單須花額外之金錢及時間來重新

安裝，因工程延誤而須作出的補償亦可能會十分巨大。

　　適用於低壓裝置的檢查項目，在工作守則21A中有詳細的描述。註冊電工可參考工作守則附錄13內的「核對表」來替客戶進行裝置檢查。要留意的是附錄13內共有5份核對表。根據工作守則22D，這些核對表的適用範圍如下表10-1：

	要求	應採用的核對表
(a)	低壓裝置的定期檢查和測試	1
(b)	於低壓電力裝置完成任何電力工程之後進行的檢查和測試	1 及 2
(c)	可再生能源系統裝置的檢查和測試	3
(d)	高壓裝置	5

核對表4（保留後用）

● 表10-1　核對表的適用範圍

10.2 測試

　　在電力工作完成後，便須進行測試的工作。測試時，必須以適當工具及測試器具進行，並須依照認可的測試方法來進行，以免電路在測試時一旦出現故障，會對任何人構成危檢或及對受檢查之電力裝置造成破壞。

一般的電路測試可分為兩部分進行：

1. 電路未接上電源前，應以下列次序進行測試：

   - 電路導體連續性
   - 極性
   - 絕緣電阻
   - 各項器件(包括保護器件)的操作功能

   上述各項測試合格後，才應進行第二部分之測試。

2. 電路接上電源後，以下列次序進行測試：

   - 接地環路阻抗
   - 電流式漏電斷路器(RCCB)的脫扣功能

10.2.1 連續性測試(Continuity test)

以測試13A插座環形電路為例，首先從配電箱內將組成環形電路的導體兩端分開，然後利用「連續性測試器」來量度導體兩端的電阻值。若量度的電阻值接近0Ω，則表示正常。否則，若顯示的電阻值很大或甚至是無限大，則表示電路可能出現了「線路鬆脫」或甚至「開路」的情況了。圖10.1所示的是以「保護導體」作為測試例子。「相導體」及「中性導體」亦須以相同的方法測試。

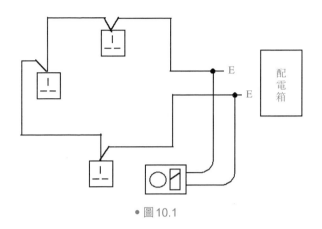

• 圖10.1

　　上述方法是假設電路沒有互連的情況才適用。但電路若有「互連」的情況，縱使電路在某些地方「開路」，如圖10.2所示，上述方法是偵察不到的。

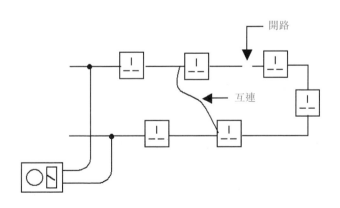

• 圖10.2

要證明環形電路是否有「互連」的情況發生，可採用以下測試方法：

- 如圖10.1所示，設所量度的電阻值是R1。

- 如圖10.3所示，把配電箱內屬於該組環形電路的保護導體兩端連接一起。然後，再量度從配電箱至位於該組電路中間位置的插座，兩者之間保護導體的電阻值。設所量度的電阻值是R2。

- 如圖10.4所示，量度測試器的伸延線電阻值。設所量度的電阻值是R3。

- 若 $\dfrac{R1}{4} \approx R2 - R3$，則此環形電路的保護導體並沒有互連的情況。

- 重複上述方法為環形電路的相導體及中性導體作連續性測試。

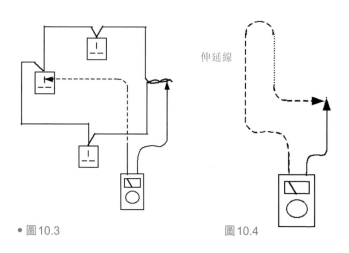

伸延線

● 圖10.3　　　　　　　圖10.4

10.2.2 絕緣電阻(Insulation resistance test)

此測試的主要目的是確保電路的相與保護導體(L-E)、相與中性導體(L-N)、中性與保護導體(N-E)之間沒有短路。低壓電路的最低絕緣電阻值如表10-2所示:

電路標稱電壓	絕緣電阻測試器的測試電壓(直流電)	最低絕緣電阻值
特低壓電路而該電路的電源來自一個安全隔離變壓器/分隔特低壓電路	250 V	0.5 MΩ
除上列情況外,電壓在500 V及以下者	500 V	1.0 MΩ
超逾 500 V	1,000 V	1.0 MΩ
超逾低壓	超逾低壓的電纜的絕緣情況應以加壓測試來量度。在加壓測試前後量度到的絕緣測試數值可作為一個參考。	

• 表 10-2

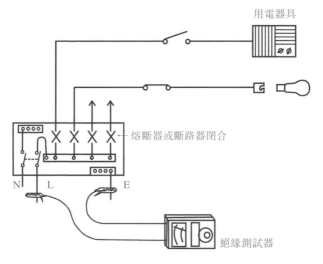

• 圖 10.5　相線對地絕緣測試

以測試單相最終電路為例，如圖10.5所示，測試前，先將燈泡除去及將電器用具隔離，才進行絕緣測試。要留意的是：當測試N-E之間的絕緣電阻時，必須將電源的中性導體隔離，否則就算所測試的電路N-E之間是「開路」，也會因電力公司電源側N-E互通的情況下而得出一個接近0Ω的電阻值（圖10.6）。

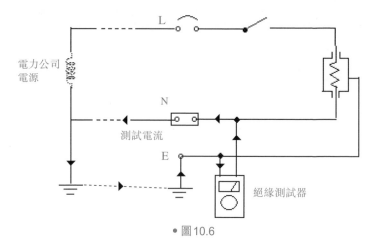

● 圖 10.6

10.2.3 極性測試

如圖10.7所示，若電路的開關掣是連接至中性導體，縱使開關掣已經關上，但此電路的絕緣若有破損，則仍有導致觸電的潛在危險。為確保電路的保護器件、開關掣及用電器具的相線終端只會連接至相導體，因此便須進行如圖10.8所示的極性測試。

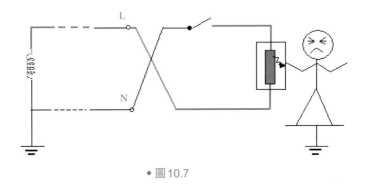

• 圖 10.7

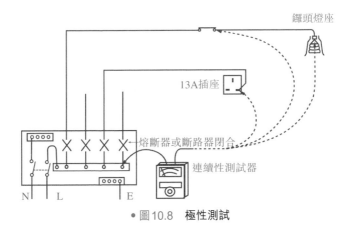

• 圖 10.8　極性測試

10.2.4　各項器件(包括保護器件)的操作功能測試

MCB、MCCB、熔斷器開關、隔離器、開關掣等,應
檢查其開關動作是否順暢。

10.2.5 接地故障環路阻抗測試

（Earth fault loop impedance test）

若所測試的電路是由漏電保護器(RCCB)所保護，進行此測試時是會引致該漏電保護器脫扣的。除非所使用的測試器並不會令RCCB脫扣，否則在測試前，應確保由該漏電保護器保護的其他電路並非正在使用，才可進行此測試。

見附錄5圖21所示，一般的插座電路都是以「接地故障環路阻抗測試器」來進行此項測試。量度出來的Z_s應不超過工作守則表11 (8)至11 (14)的有關規定。

「接地故障環路阻抗測試器」在量度Z_s之前，是會首先檢查電路的相、中性及保護導體是否已經接妥及電路的極性是否正確。一般的測試器都有指示燈來顯示電路有什麼不正常的地方。

10.2.6 電流式漏電斷路器(RCCB)的脫扣功能測試

按下RCCB的測試按扭，RCCB應即時脫扣。

若要測試RCCB的「脫扣時間」，可採用一些設有紀錄RCCB脫扣時間功能的「接地故障環路阻抗測試器」來進行測試。測試時，先把測試器的操作電流值調校至被測試的RCCB的「額定餘差電流值($I_{\Delta n}$)」及將測試器的13A插頭接上

任何一個由該RCCB所保護的13A插座(見附錄5圖21),然後動測試器進行測試。動後,符合BSEN 61008的RCCB應可在0.3秒內脫扣;若重複上述測試但將測試器的操作電流值調至$0.5I_{\triangle n}$,RCCB應不會脫扣。但若測試器操作電流值調至$5\ I_{\triangle n}$,則RCCB應在0.04秒內脫扣。

上述適用的檢查及測試項目完成後,負責電力工作的註冊電業工程人員便須簽發「電力裝置證明書」,以確認有關的電力工作符合線路規例有關的規定。

10.3 電力裝置證明書

根據電力(線路)規例,電力裝置的證明書共有四類:

1. 完工證明書—表格WR1

此證明書是由註冊電業工程人員及/或承辦商在電力裝置完成後簽發給固定電力裝置擁有人的完工證明書。

2. 完工(部分裝置)證明書—表格WR1(A)

當固定電力裝置由多個部分組成,負責個別部分的註冊電業工程人員及/或承辦商在其電力工作完成後須簽發WR1(A)交給一名該電力裝置的主要註冊電業工程人員。而該名主要註冊電業工程人員則須負責為整個固定電力裝置簽發一份「完工證明書」—表格WR1。

3. 定期測試證明書—表格 WR2

當電力裝置於定期檢查及測試後，須由固定電力裝置擁有人、註冊電業工程人員及/或承辦商共同簽署呈交給機電工程署署長的證明書。

4. 定期測試(部分裝置)證明書—表格 WR2(A)

當固定電力裝置如果由多個部分組成，負責個別部分的註冊電業工程人員及/或承辦商在其電力工作完成後須簽發 WR2(A)交給一名該電力裝置的主要註冊電業工程人員。而該名主要註冊電業工程人員則須負責為整個固定電力裝置簽發一份「定期測試證明書」—表格 WR2。

「電力裝置證明書」可於機電工程署客戶服務部索取，或於網址：http://www.info.gov.hk/forms 下載。

實務篇

11 來電總掣

連接電力公司電源的「來電總掣」，電力公司稱之為「客戶總開關」或「客戶總斷路器」。常見的「來電總掣」類型包括：

- 熔斷器開關（Fused switch）
- 模製外殼斷路器（Moulded Case Circuit Breaker 簡稱：MCCB）
- 空氣斷路器（Air Circuit Breaker 簡稱：ACB）

11.1 來電總掣的基本設備

電力公司雖然沒有規定客戶使用甚麼類型的「來電總掣」，但因「來電總掣」是直接與電力公司的配電設施連接，所以電力公司對「來電總掣」的功能有較嚴格的要求，規定此總掣必須具備：

- 隔離和開關設備
- 過流保護設備
- 對地漏電保護設備

11.2 來電總掣的技術規定

除了上述的基本設備外，也有其他技術規定必須遵守，包括：

- 若由電力公司的地下電纜或變壓器直接取電的客戶，電力公司要求「來電總掣」的斷流容量（Breaking capacity）不可低於40kA。
- 若在「來電總掣」的裝置點發生接地故障時，「來電總掣」須於5秒內切斷電源。
- 直接接駁電力公司變壓器之「來電總掣」，應採用抽出型（Draw-out type）（見附錄5圖22）的斷路器。
- 若整個客戶裝置只連接一個變壓器電源，則此「來電總掣」只需是三極式（Three-pole）便可。但若連接的變壓器電源超過一個，便視乎「來電總掣」之間是否裝設互連設施而決定採用三極或四極式的「來電總掣」。

如圖11.1示：「1號」及「2號來電總掣」之間沒有互連情況，此電力裝置可用3極式、抽出型的來電總掣。

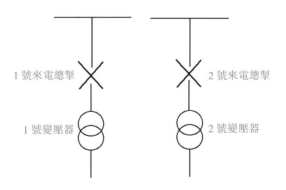

1 號來電總掣 2 號來電總掣

1 號變壓器 2 號變壓器

- 圖11.1

如圖11.2所示，若有「分段斷路器」裝設於「1號」及「2號來電總掣」之間作為一個互連設施，為防範「1號」及「2號變壓器」出現並聯運行的情況，「1號」、「2號來電總掣」及「分段斷路器」之間必須有「機械及電氣式連鎖」，確保這三個斷路器中只有兩個斷路器可在同一時間內使用。此外，所有「來電總掣」及「分段斷路器」亦必須是四極式的斷路器。雖然電力公司沒有要求「分段斷路器」一定是「抽出型」，但為方便維修起見，都是採用「抽出型」為佳。

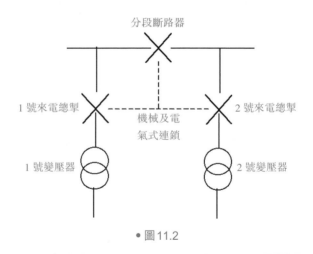

• 圖11.2

一般來說，直接接駁電力公司變壓器及三相800A或以上的電力裝置，多採用抽出式的ACB作為「來電總掣」。

三相800A以下的電力裝置若不是直接從電力公司變壓器獲取電源的話，可採用固定式的MCCB或「熔斷器開關」（見附錄5圖23）。

但若以「熔斷器開關」作為「來電總掣」，則要考慮於「來電總掣」的裝置點發生接地故障時，熔斷器能否於5秒內切斷接地故障電流。

若在「來電總掣」的裝置點的接地環路阻抗(Z_S)較高而未能導致有足夠的接地故障電流使「熔斷器開關」能於5秒內切斷電源的話，一般的電力裝置都會採用MCCB作為「來電總掣」，而在MCCB外加設「接地故障繼電器」作為接地故障保護器件（見附錄5圖24）。

12 IDMTL 繼電器的應用

12.1 IDMTL 繼電器

Inverse Definite Minimum Time Lag（簡稱：IDMTL）繼電器是目前在大部分樓宇電力裝置中最普遍使用的「過流」或「接地故障」保護繼電器。見附錄5圖25所示的是一套安裝於「主開關櫃內」的IDMTL繼電器。IDMTL繼電器可分為「機械」及「電子」式，但以採用前者較為普遍。

12.1.1 電子式繼電器

每個電子式繼電器都能提供多種「時間—電流」特性。除了「反時性」（Standard inverse）模式外，還有「極反時性」（Very inverse）、「超反時性」（Extremely inverse）、「定時」（Definite time）等多種模式可供選擇。配備了電子式繼電器的電力裝置，其斷路器之間在區別運作上有較大的靈活性。

12.1.2 機械式繼電器

每個機械式繼電器（見附錄5圖26）只能提供一種的「時間—電流」特性。

用於樓宇電力裝置中的IDMTL保護繼電器多屬於「極反時性」或「超反時性」模式。

IDMTL 繼電器的設定

無論是「機械」及「電子」式的 IDMTL 繼電器，可按實際情況而設定的部分包括：

- 分接頭設定(Plug Setting 簡稱：P.S.)
- 時間設定(Time Multiplier 簡稱：T.M.)

上述的兩項設定，行內多以英文簡稱來命名。

12.2.1 Plug Setting

Plug setting 是用來設定 IDMTL 繼電器的「啟動電流」。以慣常應用於樓宅電力裝置、額定值 5A 的 IDMTL 繼電器為例：

- 過流保護之 IDMTL 繼電器的 Plug Setting 分為：2.5A、3.75A、5A、6.25A、7.5A、8.75A 及 10A，共 7 級。
- 接地故障保護之 IDMTL 繼電器的 Plug Setting 分為：0.5A、0.75A、1A、1.25A、1.5A、1.75A 及 2.0A，共 7 級。

例如：若過流保護 IDMTL 繼電器的 Plug Setting 是 5A，當注入此繼電器的電流超過 5A 或以上時，繼電器便會開始啟動。從實物上可見到繼電器的圓碟開始轉動，轉動速度與 I_s (見圖 12.1) 成正比。因此，注入繼電器的電流愈大，繼電器便能愈快地把所保護的斷路器關上。

一些IDMTL繼電器的Plug setting是以其額定值的百分比來標稱的。以常見用於樓宇電力裝置的IDMTL繼電器為例：

- 過流保護之IDMTL繼電器的Plug Setting分為：50%、75%、100%、125%、150%、175%及200%，共7級。
- 接地故障保護之IDMTL繼電器的Plug Setting分為：10%、15%、20%、25%、30%、35%及40%，共7級。
- 繼電器的啟動電流＝繼電器的額定值×P.S.

　　例如：繼電器的額定值是5A；P.S.＝100%，此繼電器的啟動電流為：

　　$5A \times 100\% = 5A$。

● 例一：

　　在圖12.1中之「來電總掣」的額定值是1,600A，求裝置的變流器比例（C.T. ratio）及「IDMTL過流保護繼電器」的Plug Setting。

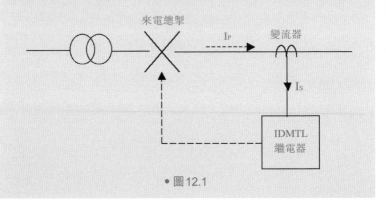

• 圖12.1

I_P 代表主電路電流(即經過來電總掣的電流)

I_S 代表次級電路電流(即注入 IDMTL 繼電器的電流)

● 題解：

變流器比例(C.T. ratio)可用下列公式計算：

$$變流器比例 = \frac{客戶總開關額定值}{繼電器額定值}$$

假設繼電器的額定值是 5A。

因此，變流器比例為 1,600：5

至於 Plug Setting 的設定則視乎此裝置的最大電流需求量而決定。

假設此裝置的最大電流需求量接近滿載(即 I_P 約 =1,600A)，則 Plug Setting(即 IDMTL 的啟動電流)應設在 5A 或 100%。假若

I_P = 1,600A，

I_S = I_P ÷ C.T. ratio = 1,600A ÷ (1,600/5) = 5A。

I_S 剛達到繼電器的「啟動電流」。但當電路發生過流情況，即

I_P > 1,600A 時，

I_S 便超過繼電器的「啟動電流」，而使繼電器操作。

假設此裝置的最大電流需求量只得 800A，則 Plug Setting 應設在 2.5A 或 50%。假若

$I_P = 800A$ 時，

$I_S = I_P \div C.T.\ ratio = 800A \div (1,600/5) = 2.5A$。

I_S 剛等於繼電器的「啟動電流」。但當電路發生過流情況，即

$I_P > 800A$ 時，

I_S 便超過繼電器的「啟動電流」，而使繼電器操作。

12.2.2 Time Multiplier

Time Multiplier是用來設定繼電器的操作時間。以機械式保護繼電器為例，Time Multiplier的設定是由0.1至1，共有10條操作特性曲線可供選擇（圖12.2）。

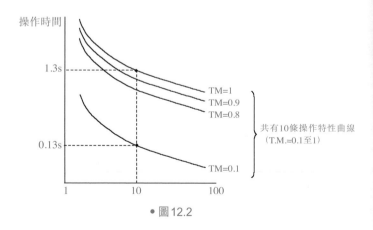

• 圖12.2

註：

$$繼電器起動電流倍數 = \frac{電路電流 \div 變流器比例}{繼電器啟動電流}$$

$$= \frac{注入繼電器電流(I_S)}{Plug\ Setting（A）}$$

$$或 = \frac{注入繼電器電流(I_S)}{Plug\ Setting（\%）\times 繼電器額定值}$$

● 例二：

假設在例一中所用的 IDMTL 過流保護繼電器額定值為：5A；P.S.= 100%；CT ratio = 1,600/5。若此電路發生故障，故障電流 I_P = 16,000A。若 T.M. 分別設在1及0.1時，試從圖12.2中，求此IDMTL繼電器的操作時間。

● 題解：

$$繼電器起動電流倍數 = \frac{16,000 \div 1,600/5}{5 \times 100\%} = 10$$

從圖12.2可知：

當T.M. =1，IDMTL繼電器的操作時間 = 1.3s；

當T.M. =0.1，IDMTL繼電器的操作時間 = 0.13s。

可見T.M. 的設定值愈小，繼電器的操作時間也會愈小。

12.3 IDMTL繼電器操作特性的選擇

IDMTL繼電器操作特性的選擇是與上游或及下游斷路器間之區別運作有關(圖12.3)。例如：若上游或及下游斷路器間皆以IDMTL繼電器作為保護，要達到有效的區別運作，則上游IDMTL繼電器的操作特性曲線必須在下游繼電器的操作特性曲線之上。但要留意的是，兩條特性曲線之間最接近之處一般須有0.4秒或以上的安全時間差距(圖12.4)。

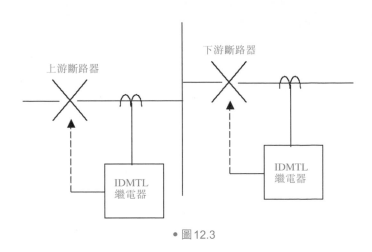

• 圖12.3

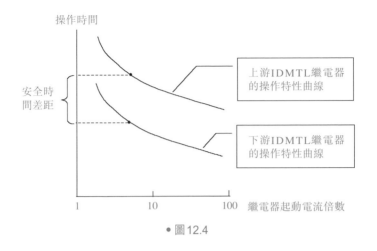

操作時間

安全時
間差距

上游IDMTL繼電器
的操作特性曲線

下游IDMTL繼電器
的操作特性曲線

1　　　　10　　　　100　繼電器起動電流倍數

● 圖12.4

　　若以IDMTL繼電器作為「低壓來電總掣」的過流保護，
為了配合電力公司11kV供電系統的保護設備，IDMTL繼電
器的操作特性曲線，便不可超過電力公司可接受的「時間—
電流」特性曲線。

　　要注意的是「香港電燈有限公司」及「中華電力有限公
司」所接受的「時間－電流」特性曲線皆有所不同。「香港電燈
有限公司」在其出版的「接駁電力供應指南」內載有適用於該
公司客戶的有關特性曲線圖表。「中華電力有限公司」則沒有
公開發表這方面的要求，但會將有關資料提供給行內有關的
機構或工程公司。

　　若以IDMTL繼電器作為「低壓來電總掣」的接地故障保
護，則此IDMTL繼電器的操作特性與「低壓來電總掣」之接

地故障環路阻抗(Z_s)便須互相協調,於發生接地故障時,能在5秒內把電源切斷。

● 例三:

在圖12.5中的400A MCCB是某電力裝置的「來電總掣」。此「來電總掣」的接地故障環路阻抗(Z_s)是1.375Ω,若將用作保護「來電總掣」的IDMTL接地故障繼電器之P.S.及T.M分別設在1A及0.5,當「來電總掣」發生接地故障時,此IDMTL繼電器能否於5秒內把電源切斷?

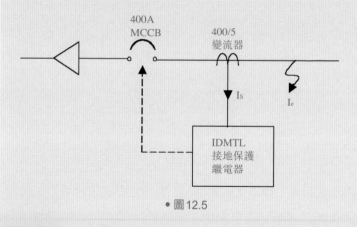

● 圖12.5

● 題解:

Z_s = 1.375Ω,則接地故障電流

I_e = 220V/1.375Ω = 160A

$I_S = I_e \div$ C.T. ratio $= 160 \div 400/5 = 2A$

- P.S. 設在 1A

  當發生接地故障時，注入 IDMTL 繼電器的電流

  $I_S = 2A$。

  繼電器起動電流倍數為

  I_S / P.S. $= 2 /1 = 2$。

- T.M. 設在 0.5

  從圖 12.6，當繼電器起動電流倍數 $=2$，操作時間約 $=1.9$ 秒，

  符合電力公司 5 秒的規定。

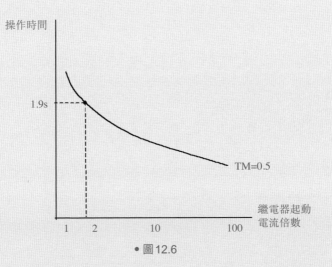

- 圖 12.6

IDMTL 繼電器的測試

見附錄5圖27所示的是用來測試IDMTL繼電器的「二次注入測試器」(Secondary injection tester)。

測試的辦法是：將測試器的電流輸出端連接至繼電器的主線圈；測試器的計時控制接點則連接至繼電器的常開式接點(圖12.7)。

注入IDMTL繼電器的測試電流，一般是該繼電器設定之 Plug setting 的2、5及10倍電流。例如：

P.S. = 5A，

則注入的測試電流便分別是10A，25A 及50A 了。

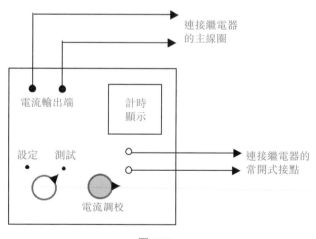

連接繼電器
的主線圈

電流輸出端

計時
顯示

設定　測試

連接繼電器的
常開式接點

電流調校

● 圖 12.7

以常用的NI-1.3秒型（CDG11、CDG16、2TJM70）、EI-0.64（2TJM30）及EI-0.6（CDG14）的IDMTL過流保護繼電器為例，當注入電流是Plug setting的2、5及10倍時，繼電器於T.M.=1時之標稱操作時間如表12-1：

繼電器起動電流倍數	當 T.M. = 1 時的標稱操作時間（秒）		
	NI-1.3秒型	EI-0.64秒型	EI-0.6秒型
2	3.84	16	17.1
5	1.78	1.93	2
10	1.3	0.64	0.6

• 表12-1　繼電器於T.M.=1時之標稱操作時間（秒）

一個正常運作的IDMTL繼電器，其實際操作時間與標稱操作時間一般應相差不超過 ±7.5%。

13 無功功率補償

按照電力公司的規定，客戶負荷的功率因數（Power factor）不可低於0.85（滯後）。一些大型商場、工商業樓宇等，因其電感性高的負荷（例如：空調設備、扶手電梯、升降機等）的數量較多，所以功率因數往往不能達到0.85的要求。最常用的方法便是安裝電容器作為無功功率補償，使功率因數不會低於0.85的要求。電力公司若發覺客戶電力裝置的功率因數低於0.85，便會要求該裝置的擁有人安裝電容器來改善功率因數。

13.1 電容器功率的計算

一般的計算方法是利用「功率三角形」（Power triangle）來推算該電力裝置在功率因數改善前及後「無功功率」的差別。此差別便由電容器來作出補償（表13-1）。

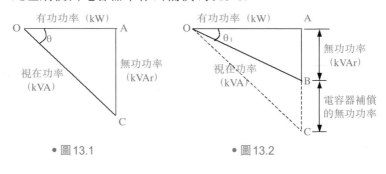

• 圖13.1　　　　　• 圖13.2

功率因數未改善前（圖13.1）	功率因數改善後（圖13.2）
功率因數（pf）= cos θ	功率因數 = cos θ₁
視在功率 = OC	視在功率 = OB
有功功率 = OA	有功功率 = OA
無功功率 = AC	無功功率 = AB
由電容器補償的無功功率 = AC - AB = BC	
所減少之視在功率 = OC - OB	

關於功率因數 = $\cos\theta_1$

• 表 13-1

● 例：

　　圖13.3是某大廈之公眾電力裝置，從電容錶讀取的最小功率因數是0.6；電流錶讀取的最大電流值是1,000A。若以電容器作無功功率補償，使整個公眾電力裝置的功率因數提升至0.85或以上，求所需之電容器功率。

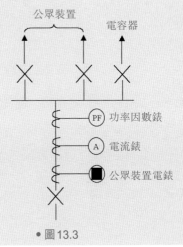

• 圖13.3

功率因數未改善前（圖13.1）

功率因數：$\cos \theta = 0.6$

視在功率：$OC = \sqrt{3} \times V_L \times I_L = \sqrt{3} \times 380 \times 1000 = 658.2\text{kVA}$

有功功率：$OA = OC \times \cos \theta = 658.2\text{kVA} \times 0.6 = 394.9\text{kW}$

無功功率：$AC = \sqrt{OC^2 - OA^2} = \sqrt{658.2^2 - 394.9^2} = 526.6\text{kVAr}$

功率因數改善至0.85（圖13.2）

功率因數：$\cos \theta = 0.85$

有功功率：$OA = 394.9\text{kW}$

視在功率：$OB = OA \div \cos \theta = 394.9 \div 0.85 = 464.6\text{kVA}$

無功功率：$AB = \sqrt{OB^2 - OA^2} = \sqrt{464.6^2 - 394.9^2} = 244.8\text{kVAr}$

由電容器補償的無功功率：

$$AC - AB = BC$$

$$= 526.6 - 244.8 = 281.8\text{kVAr}$$

雖然計算所得之電容器功率是281.8kVAr，但改善後之功率因數只是達到0.85之最低要求，兼且可加大約10-20%電容器功率來補償電容器使用後可能出現的耗損。因此可為此電力裝置安裝6組50kVA（合共300kVA）電容器，再由一個「自動電容器控制器」來控制此6組電容器的開關。控制器可按不同的情況下，逐級增加或減少電容器對該電力裝置的無功功率補償，務求將功率因數維持在0.85或以上。

值得留意的是，改善了功率因數後，「視在功率」亦會因此而減少。在此例中，減少了的「視在功率」：

OC－OB = 658.2 － 464.6 = 193.6kVA。

一些用電量較大的客戶（例如：大型商場），電力公司除了裝置一般的kWH錶外，還會裝設kVA錶（即「最高負荷」電錶）來計電費的。kVA錶是以該裝置的每月最高負荷（亦即最大「視在功率」）來計算電費的。所以在改善了功率因數後，最高負荷電費亦會因此而減少。長遠來說，可為客戶慳回不少「最高負荷」電費的。

見附錄5圖28中的電容器開關櫃，上半部是「自動功率因數控制器」，下半部則是控制每一個電容器開關的熔斷器及繼電器（見附錄5圖29），而開關櫃後半部則用來放置電容器（見附錄5圖30）。

14 支總電路保護器件的選擇

「熔斷器開關」與「模製外殼斷路器」是最常用的支總電路保護器件。以下是當選擇這些保護器件時一些值得留意的地方。

14.1 熔斷器開關（Fused switch）

主要優點

- BS 88熔斷器的斷流容量高達80kA，非常適合作為支總電路的保護器件。

- 當短路發生時，能於極短的時間內把短路電流切斷。

- 價錢比MCCB便宜。

主要缺點

- 最高額定值一般不超過1,000A。

- 已燒斷熔絲的熔斷器必須被更換，不能再被使用。

- 以熔斷器開關作為三相電動機的保護器件，若電動機在運行時某相熔絲熔斷，電動機在欠相運行下，是會導致其他

兩相電流上升,電動機繞組可能因此而被燒毀。因此,若以熔斷器開關來保護三相電動機,便必須另設「欠壓繼電器」(Under-voltage relay)作為這些電力器具的額外保護。

- 在接地故障保護方面,未必可以和上游保護器件達到有效的區別運作。如圖14.1所示,假設接地故障電流是300A,此故障電流不足使400A熔斷器操作,但卻動了「來電總掣」的「接地故障繼電器」把「來電總掣」關上,導致所有支總電路也因此而停電。

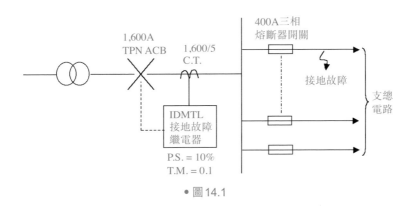

• 圖14.1

14.2 模製外殼斷路器(MCCB)

模製外殼斷路器(Moulded Case Circuit Breaker),簡稱 MCCB。

主要優點

- MCCB的斷流容量可達40kA或以上,適合作為支總電路的保護器件。

- 電流額定值比熔斷器高。可以為電流需求量超過1,000A的支總電路作為保護器件。

- 用作保護三相電路的MCCB,只要所保護的三相電路中任何一相出現故障或過載,便會把三相電源截斷。因此非常適合保護三相電力器具。

- 當電路故障或過載清除後,MCCB便可被恢復使用而無須替換。

- 輔有接地保護的MCCB,可有效地將接地故障清除,減少對「來電總掣」正常運作的影響。

主要缺點

- 價錢比「熔斷器開關」較貴。

- 三相的 MCCB 只要所保護的三相電路中任何一相出現故
  障或過載，便會把三相電源截斷。如圖 14.2 所示，假設「紅
  相」的電路發生故障，使保護此上升總線的三相 MCCB 脫
  扣，除「紅相」的電力用戶外，「黃相」及「藍相」的電力用
  戶也因此而終斷電力供應。若此上升總線的保護器件改用
  「熔斷器開關」，則只會切斷「紅相」的電源，而「黃相」及「藍
  相」的電力用戶則不受影響。

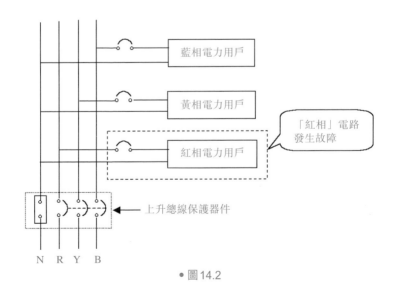

- 圖 14.2

15 | MCCB 的脫扣特性

    MCCB 的脫扣特性基本上和 MCB 相同，所不同的是每一類別 MCB 的脫扣特性是預先設定的，不能隨意更改。但 MCCB 的脫扣特性則可按實際需要而設定。

15.1 設定 MCCB 脫扣特性之項目

    表 15-1 所示的是某型號 MCCB 的可設定項目及範圍：

	設定項目	設定範圍
I_N	額定值(rated current)	$0.5/0.6/0.7/0.8/0.9/1.0 \times I_{N\,max}$
I_L	長限時電流(long time pick up current)	$0.5/0.6/0.7/0.8/0.9/1.0 \times I_N$
t_L	長限時動作時間(Long time delay)	$30-60-90s$ at $2 \times I_L$
I_s	短限時電流(short time pick up current)	$2/3/4/6/8/10 \times I_L$
t_s	短限時動作時間(short time delay)	$0/0.1/0.2/0.3/0.4s$ at $1.5 \times I_s$
I_I	瞬時電流(instantaneous pick up current)	$4/6/8/10/12 \times I_{N\,max}$

• 表 15-1

    設此 MCCB 的最大額定值($I_{N\,max}$)是 400A，若根據表 15-2 的內容而設定，則其脫扣特性會如圖 15.1 所示。

設定項目			設定範圍
I_N	額定值	$0.8 \times I_{N\,max}$	$0.8 \times 400 = 320A$
I_L	長限時電流	$1.0 \times I_N$	$1.0 \times 320 = 320A$
t_L	長限時動作時間	30s at $2 \times I_L$	30s at 640A
I_S	短限時電流	$3 \times I_L$	$3 \times 320 = 960A$
t_S	短限時動作時間	0.4s at $1.5 \times I_S$	0.4s at 1,440A
I_I	瞬時電流	$10 \times I_{N\,max}$	$10 \times 400A = 4,000A$

● 表 15-2

I_N 的設定主要是容許設計者考慮 MCCB 所保護的電路實際用電情況而作出適當的安排。例如電路的最高電流需求量只有此 MCCB 的最高額定值 $I_{N\,max}$ 的 80%，便可將 I_N 設在 $0.8 \times I_{N\,max}$（即 320A）。日後此電路的最高電流需求量若有所增加，不超愈 400A 的話，只要將 I_N 的設定值調高便可。

當電路電流超愈 I_L 的設定時，便會啟動此 MCCB 的過載保護脫扣特性。「脫扣時間與電流」的關係由 MCCB 製造商預先設定。但若 MCCB 輔有 t_L 的調校，則可由設計者選擇。

當電路電流超愈 I_S 的設定時，便會啟動此 MCCB 的短路保護脫扣特性。「脫扣時間與電流」的關係由 MCCB 製造商預先設定。但若 MCCB 輔有 t_S 的調校，則可由設計者選擇。

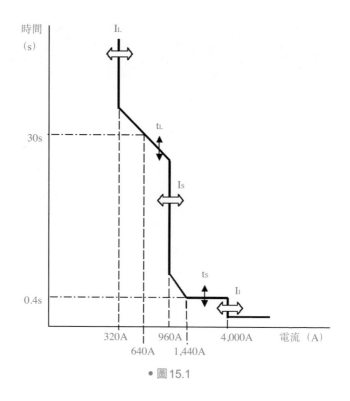

● 圖 15.1

15.2 MCCB脫扣特性的選擇

一些MCCB的脫扣特性也是和MCB一樣地不能被更改的。但脫扣特性可被調校的MCCB，一般都具備I_N、I_L及I_S的設定功能。除了上述的(主要用作過流保護)設定功能外，亦有一些兼備「接地保護」功能的MCCB。

整體來說，MCCB的脫扣特性的設定主要是與所保護的電力設備之滿載電流、起動電路及上游或及下游保護器件間之區別運作有關(圖15.2)。在區別運作上之考慮，舉例說：上游保護器件是熔斷器開關，下游保護器件是MCCB，則盡量將MCCB的「時間－電流」脫扣特性置於熔斷器之下(圖15.3)。

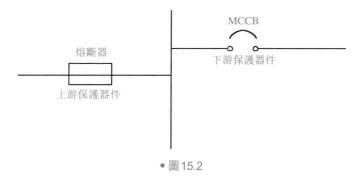

• 圖15.2

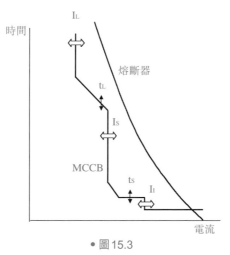

• 圖15.3

16

如何處理「水氣」不夠的問題？

電器師傅慣常稱「接地環路阻抗」為「水氣」。常聽到電器師傅說：「水氣」不夠？其實應該是指「水氣」不夠低的意思。因為「水氣」愈低，則接地故障電流愈高，有關之保護器件也就愈快地把接地故障電流截斷。

16.1 解決「水氣」不夠的可行方法

要解決「水氣」不夠低的問題，最直接方法是設法將電路之接地故障環路阻抗(Z_S)降低。接地故障環路阻抗是由該電路的相導體、保護導體及電力裝置外的環路阻抗所組成（可參閱第8章圖8.8）。但增加電路的相導體及保護導體的截面積來減低 Z_S 值的成效不大。因此，較可行的方法是按該電路預計之接地故障電流的大小而選擇適當的保護器件。

16.1.1 若預計的接地故障電流(I_e)比保護器件的額定值(I_n)大

若 $I_e > I_n$，則表示可利用保護器件的過流脫扣特性，將接地故障電流截斷。在工作守則表 11 (8) 至 11 (14) 中分別列出電路以熔斷器、MCB、MCCB 或 RCCB 作為保護器件時，

該電路可容許的最大「接地環路阻抗」。只要所選擇的保護器件，其保護的電路之「接地環路阻抗」並不超過表內的數值，當該電路發生接地故障時，便有足夠的接地故障電流使保護器件於特定的時限內操作。

● 例一：

假設以IEC 60898 C類20A MCB作為某戶內煮食用具的電路的保護器件。若在煮食用具之裝置點所量度的「接地環路阻抗」(Z_s)是1.5Ω，求此C類20A MCB是否能提供適合的接地故障保護？

● 題解：

接地故障電流

(I_e) = 220V/ Z_s = 220/1.5 = 147A。

MCB的額定值 (I_n) = 20A。

因 $I_e > I_n$，可從「工作守則11」中試找出適當的保護器件。

此例中的煮食用具屬於固定電力器具。因此，若此煮食用具發生接地故障時，保護此電路的MCB便必須於0.4秒內切斷電源。

從工作守則表11（10），此電路若以IEC 60898 C類20A

MCB作為保護器件，電路的「最大接地故障環路阻抗」不可超過1.04Ω。

在此例中的Z_s是1.5Ω，超出工作守則表11(10)的規定。所以IEC 60898 C類20A MCB是不能提供適當的接地保護。

但從工作守則表11(8)、11(9)、11(10)中可得出，若採用的保護器件是IEC 60898 B類20A MCB、BS88-2 20A熔斷器或BS88-3 20A熔斷器，電路的「最大接地故障環路阻抗」均超過1.5Ω。因此，上述各類保護器件均可提供適合的接地保護。

保護器件類別	可容許的最大接地故障環路阻抗值(Ω)
BSEN60898 B類20A MCB	2.09
BSEN60898 C類20A MCB	1.04
BS88-2 20A熔斷器	1.60
BS88-3 20A熔斷器	1.84

● 表16-1　摘錄自工作守則表11(8)、11(9)及11(10)

要選擇那一個保護器件來取代原本的MCB呢？

若原本的MCB是安裝在MCB配電箱的話，可採用相同MCB生產商的B類型MCB來替換。因為若改用20A熔斷器作為保護器件，熔斷器便不能安裝於原本的MCB配電箱了。

但要留意的是，不同類型的MCB，各自有不同的「時間－電流」脫扣特性。例如：B類型的MCB適合一般電阻性較高的負載如電熱式煮食爐具，但不適合用來保護「起動電流」較高的電力器具如馬達等。

16.1.2 若預計的接地故障電流(I_e)比保護器件的額定值(I_n)小

若$I_e < I_n$，則表示沒有足夠的接地故障電流使保護器件操作。後果是可能會導致該電路的上游保護器件操作，而不能發揮上游及下游保護器件之間有效的區別運作。(可參閱第9章有關區別運作的資料)。若所保護的電路是屬於「最終電路」，則可考慮採用漏電保護器(RCCB)。但若是屬於「支總電路」，則首先評估可能發生在該電路的最小接地故障電流 (可參閱例二題解)。然後選擇一個能在此接地故障電流下，於指定時間內可把故障電流切斷的保護器件。

例二：

如圖16.1所示，假設於負載點所量度的接地環路阻抗是0.68 Ω，此支總電路的400 A熔斷器開關能否於該電路發生接地故障時，於5秒內把接地故障電流切斷？

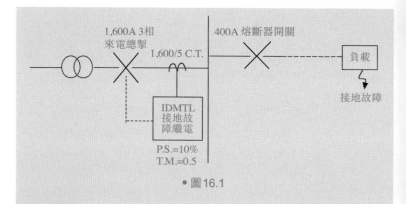

● 圖16.1

題解：

於支總電路的負載點所量度的「接地環路阻抗」是該支總電路的「最大接地環路阻抗」。因此，於負載點發生接地故障時所得出的電流便會是該支總電路的最小接地故障電流。

接地故障電流：

$I_e = 220V/0.68\,\Omega = 323A$。

此接地故障電流並不可以使400A熔斷器操作。

「來電總掣」的IDMTL接地故障繼電器之起動電流：

$P.S. \times 1,600A = 10\% \times 1,600A = 160A$。

因此，當支總電路產生323A的接地故障電流時，便會啟動了「來電總掣」的IDMTL繼電器把「來電總掣」關上，最終整個電力裝置也會因此而停電。

解決方法是：

1. 選擇輔有「接地保護」功能的MCCB。一般都可將接地故障脱扣電流設定值(I_G)定為：0.1至0.5×保護器件的額定值(I_n)。以此例來説，若將I_G設於0.5×400A = 200A，則當接地故障電流達到200A或以上時，便會把此400A MCCB脱扣。而MCCB的脱扣時間則必須設在小於「來電總掣」的IDMTL接地故障繼電器在323A的接地故障電流下的操作時間。一般來説，MCCB與IDMTL兩者之間在同一故障電流經過下，最少有0.4秒的操作時間差距。

2. 若選擇的400A MCCB沒有「接地保護」功能，則此400A MCCB便須配置「分路脱扣」（Shunt trip），將「分路脱扣」連接IDMTL接地故障繼電器，作為額外的接地保護器件（圖16.2）。

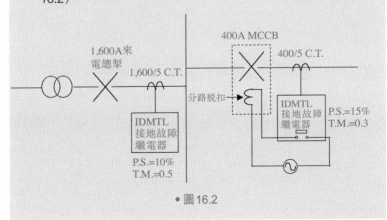

• 圖16.2

若將 P.S. 設於 15%，則此 IDMTL 的起動電流為：
400A×15%=60A。這表示當接地故障電流達到 60A 或以上
時，便會把此 400A MCCB 脫扣。而 400A MCCB 的 IDMTL
繼電器操作時間則必須設在小於「來電總掣」的 IDMTL 繼電
器在 323A 的接地故障電流下的操作時間。同樣地，IDMTL
與 IDMTL 兩者之間在同一故障電流經過下，最少有 0.4 秒
的操作時間差距。

假設採用的是 CDG11，1.3s 型號的 IDMTL 接地故障繼
電器，將 400A MCCB 的 IDMTL 繼電器的 T.M. 設在 0.3，
「來電總掣」及 400A MCCB 的 IDMTL 繼電器的操作時間如圖
16.3 所示：

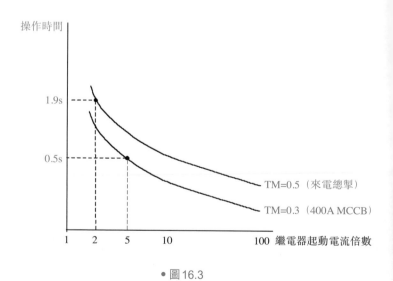

● 圖 16.3

以下是**繼電器起動電流倍數**的計算方式：

IDMTL 繼電器起動電流倍數 = 故障電流 ÷ 起動電流

因此，「來電總掣」的 IDMTL 繼電器起動電流倍數 = $323 \div 160 \approx 2$；如圖 16.3 所示，1600A 來電總掣的 IDMTL 繼電器操作時間是 1.9s。

400A MCCB 的 IDMTL 繼電器起動電流倍數 = $323 \div 60 \approx 5$

如圖 16.3 所示，400A MCCB 的 IDMTL 繼電器的操作時間是 0.5 秒，比「來電總掣」的 IDMTL 繼電器所須之操作時間快 1.4 秒。兩者的操作時間差距超過最少 0.4 秒的要求。因此，在此接地故障電流下，兩者之間可達到有效的區別運作。

17

漏電斷路器經常「跳掣」的問題

　　漏電斷路器(RCCB)是一個非常有效的接地保護器件。大大提高了電力裝置使用者的安全。但漏電斷路器亦是一個非常靈敏的保護器件，所以亦有時會引致經常「跳掣」的問題，防礙了電力裝置的正常運作。

　　實際上，一個正常運作的電力器具，都會或多或少存在一些漏電電流。所以，當這些電力器具一起使用時，累積起來的漏電電流若達到漏電斷路器的啟動電流，漏電斷路器便會切斷電源供應。

17.1 避免錯誤脫扣的方法

　　有甚麼方法來避免漏電斷路器因上述的情況而觸發的錯誤脫扣？

　　以在日常生活中最經常使用的「插座電路」為例。根據工作守則11的規定，用於保護「插座電路」的漏電斷路器，其「額定餘差電流值」是不可超過30mA。因此，選擇一些靈敏度較低(例如：100-500mA)的漏電斷路器來取代30mA漏電

斷路器是違返有關保護「插座電路」的規定。雖然如此，也可考慮採取下列措施來減少漏電斷路器經常「跳掣」的問題：

1. 減少每個漏電斷路器所保護的插座數目。

2. 一些屬於等電位區域內的固定器具（例如：冷氣機）如發生接地故障時，若保護該固定器具的 MCB 或熔斷器能在指定時間內（見第 8 章 8.2.2）把接地故障電流截斷，便已經符合工作守則的規定，毋須漏電斷路器的額外保護。

3. 使用輔有過流保護的 RCCB（簡稱：RCBO）為電路提供獨立保護。這些 RCBO 也可裝置於一般的 MCB 配電箱內。（見附錄 5 圖 31）

4. 使用一些輔有 RCCB 保護的插座（見附錄 5 圖 32）。但這類插座體積比較大，不能直接將舊有的插座替換。

5. 使用一些輔有 RCCB 保護的插頭（見附錄 5 圖 33）。

18 保養樓宇「低壓主開關櫃」須知

　　「低壓主開關櫃」(Low Voltage Main Electrical Switchboard) 可說是任何低壓電力裝置的心臟地帶(見附錄5圖34)。所以「主開關櫃」的維修及保養便十分之重要。若每年能為「主開關櫃」進行最少一次檢查及測試，可大大提高「主開關櫃」在使用時的安全及可靠性。

18.1 檢查及測試

　　保養「主開關櫃」並不只是一件清除灰塵這麼簡單的工作。主要目的是在保養工作的過程中，找出「主開關櫃」在運作上可能會出現問題的地方，及早進行適當的維修工作。以下各項均是保養「主開關櫃」時適用的檢查及測試項目。

主要的檢查項目包括

1. 檢查電氣接點是否有過熱及不正常現象，

2. 檢查電氣接點是否收緊，

3. 檢查所有的電流錶、電壓錶及指示燈是否操作正常，

4. 檢查所有控制熔斷器及熔斷器的連續性，

5. 檢查所有開關掣、隔離器件及保護器件是否有適當識別標誌及列明額定值,

6. 檢查是否已展示最新的配電系統電路圖。

主要的測試項目包括

1. 所有開關掣、隔離器件及保護器件之機械及電氣操作測試,

2. 絕緣阻抗測試,

3. 接觸阻抗測試,

4. 過流及接地故障繼電器(IDMTL Relay)之二次注入測試,

5. 接地環路阻抗測試,

6. 直流充電機及蓄電池之效能測試,

7. 電容器測試。

18.2 檢查和測試時注意事項

1. 「接觸阻抗測試」主要是測試空氣斷路器(ACB)在閉合狀態時可動及固定接點間的「接觸阻抗」。雖然並沒有統一的標準來規範可接受的最大「接觸阻抗」,但一般來説,電流額定值愈大的ACB,其「接觸阻抗」應較電流額定值較小的ACB為細。例如:2,500A ACB的「接

觸阻抗」一般應在30μΩ或以下；1,000A的則應不超過100μΩ。一些ACB製造商會在其產品目錄列出ACB的「接觸阻抗」，作為日後檢查的參考數據。

2. 「來電總掣」是位於連接最接近電力公司電源的斷路器。因此，若「來電總掣」內部發生短路或接地故障，是會產生極高的短路電流的。所以除了替「主開關櫃」進行絕緣阻抗測試外，「來電總掣」的絕緣阻抗測試也是非常重要。

3. 裝設於「低壓主開關櫃」內的30V蓄電池，是「來電總掣」及支總電路保護器件的分路脫扣(Shunt trip coil)及電子式保護繼電器的主要電源。失效的蓄電池是會影響「主開關櫃」內保護設施的有效操作；所以進行此項測試時，不能掉以輕心。只用萬能錶來量度蓄電池的端電壓是否正常，並不是一個十分可靠的方法。比較直接可取的測試方法，如圖18.1所示，是以手動方式將「IDMTL過流或接地故障繼電器」的常開式接點閉合，若蓄電池的電源是正常的話，便有足夠的電流輸出至「來電總掣」的分路脫扣器件，把「來電總掣」關上。在進行上述測試時，也須同時留意蓄電池的端電壓是否有明顯的下降；若有，便表示此電池未能儲滿電荷，這可能是充電機失效，或蓄電池已經喪失儲電的能力。

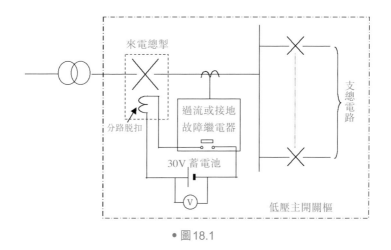

來電總掣

過流或接地
故障繼電器

分路脫扣

30V 蓄電池

Ⓥ

支總電路

低壓主開關樞

• 圖 18.1

4. 測試三相電容器是否正常，可以量度電容器的電容量或「相電流」作為差考數值，但以量度「相電流」較為實際可取。

三相電容器之相電流：$I_C = \dfrac{kVAr}{\sqrt{3} \times V_L}$

例如：一個正常運作的三相25kVAr電容器的相電流：

$$I_C = \frac{25 \times 1,000}{\sqrt{3} \times 380} = 38A$$

5. 「低壓主開關櫃」若是有兩個或以上的「來電總掣」及有「分段斷路器」裝設於這些「來電總掣」之間作為一個互連設施，則須檢查這些「來電總掣」間的「連鎖系統」，以免電力公司變壓器之間有並聯運作的情況出現。

6. 若「低壓主開關櫃」也連接了後備電源（例如：發電機），須測試當電力公司的來電關掉後，後備電源的自動開啟功能。

除上述各項由註冊電業工程人員所進行的檢查及測試外，業主及管業公司對維護電掣房的環境設施也是十分重要。例如：

- 電掣房內應有足夠照明設備及可撲滅「電火」的滅火筒。
- 應保持電掣房內地方清潔乾爽。
- 電掣房內外不應放置雜物，以免妨礙有關工程人員進出，影響維修及檢查工作。
- 電掣房內應有適當的通風或空調設備來減低電掣房內的環境溫度，使「主開關櫃」內的所有電力器具能在比較高的溫差情況下更有效地將熱力散發，以免這些電力器具超出其所能接受的溫度水平。

此外，在測試及檢查後，若有任何建議關於「主開關櫃」設備的維修或更換，或對電掣房環境設施的維護等，是須要業主及管業公司的重視及執行，才可真正地達到提高「主開關櫃」的安全及可靠性，從而加強「主開關櫃」有效運作的目的。

9 設計「低壓主開關櫃」時應留意的事項

設計「低壓主開關櫃」時須要考慮的地方很多，以下討論的主要是一般較易被人忽略但卻十分重要的事項。

9.1 注意事項

1. 斷路器的數量

若新設計的「主開關櫃」是用來取代一些已經使用多年的「主開關櫃」，則不要完全依賴原本配電系統電路圖的資料作為設計的基礎。因為舊有的電力裝置之配電圖未必完全準確地記錄該配電系統過往所有的改動，一個斷路器可能會同時連接超過一個的電路。因此在設計新的「主開關櫃」前，應預先將正在使用的所有器件、電路等的數量、類型及額定值等資料核實清楚，作為設計上的依據。此外，亦盡可能在新的「主開關櫃」上預留一些空位，必要時也可加裝斷路器來應付實際所需。

2. 電力公司供電電纜的相位排列

「主開關櫃」內主匯流排的相位排列是必須配合與「來電總掣」連接之供電電纜的相位排列。要留意的是：「香港電燈有限公司」及「中華電力有限公司」之供電電纜的相位排列是不一樣的。此外，「主開關櫃」無論是位於電力公司變壓房之

上、下或相同的樓層，與其連接之供電電纜的相位排列亦可能會有所不同。所以，在設計「主開關櫃」前，應先與有關的電力公司確定其供電電纜的相位排列。

3. 工作空間的要求

工作守則規定：額定值超過100A的所有低壓控制和開關掣設備，其前端最少有900mm、兩旁或及背後則預留最少600mm的距離，以便進行維修及更換的工作。而對「主開關櫃」有關方面的要求，電力公司可能會需要更大的工作空間，特別是「主開關櫃」背後的位置。因為電力公司很多時須要在「主開關櫃」的背後位置進行供電電纜與「來電總掣」的接駁工作。「主開關櫃」的高度一般都不會超過2m，但為了顧及「主開關櫃」兩旁之工作空間的要求，必要時也可將不經常操作的器件(例如：電容器、IDMTL保護繼電器等)放在「主開關櫃」頂部的位置。

4. 電錶的位置

一般放置在「主開關櫃」內的電錶，主要是用來計算客戶電力裝置中公用裝置的用電量。電力公司對電錶的安裝，例如：電錶板的厚度及安裝高度、電錶兩旁及前端的工作空間、入錶線的尺寸、形狀、長度等均有嚴格的要求。若安裝的是「電流互感式電錶」，更須在「主開關櫃」預留適當及足夠的位置作為「電流互感器箱」。

5. 保護繼電器

為了配合電力公司11kV供電系統的保護設備，IDMTL 繼電器的操作特性曲線，是必須配合香港兩所電力公司的有關要求。總括來說：

- 要符合「香港電燈有限公司」有關過流保護的要求，可採用「超反時性」(Extremely inverse)的IDMTL繼電器；接地故障保護方面可使用「極反時性」(Very inverse)的IDMTL繼電器。而與繼電器連接的變流器，則多以1組3個及1組4個的型式分別接駁過流繼電器及接地故障繼電器。詳情可參閱該公司所出版的「接駁電力供應指南」之第四章。

- 要符合「中華電力有限公司」有關過流保護的要求，可採用「極反時性」(Very inverse)的IDMTL繼電器；接地故障保護方面也是使用「極反時性」(Very inverse)的IDMTL繼電器便可。而與繼電器連接的變流器，則多採用1組4個的型式供過流及接地故障繼電器共同使用。

● ─ \/\/\||||| TIPS |||||●───────────

在設計「主開關櫃」時，應將擬採用的保護繼電器類型(包括：Plug Setting 及 Time Multiplier 的設定)及有關的「主開關櫃」內保護系統的電路圖等資料預先交給有關之電力公司審閱。

20 輔助等電位接駁

當電力裝置發生接地故障時，如果沒有輔助等電位接駁導體的連接，是有可能會發生導致觸電的危險情況。

20.1 可能導致觸電的危險情況

當電力裝置發生接地故障時，如圖20.1所示，在沒有等輔助接駁導體的連接下，電力裝置的「外露非帶電金屬部分」（例如：電力器具的金屬外殼）與鄰近的「非電氣裝置金屬部份」（例如：金屬水喉、氣體喉管等）之間因有電位上的差異（V_T），就算該人體站立於絕緣物體之上，當他/她同時接觸此兩部分金屬時，也會有觸電的危險。

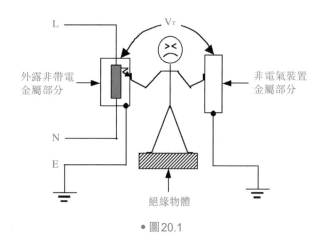

• 圖20.1

防止觸電

　　為了防範上述觸電情況的發生，可將此兩部分金屬以導體(稱為：輔助接駁導體)互相連接，如圖20.2所示，當電力裝置發生接地故障時，兩部分金屬的電位便會大致相等，當人體站立於絕緣物體之上(如圖20.1所示)，而又同時接觸此兩部分金屬時，觸電的危險也大為降低。但有三點要留意：

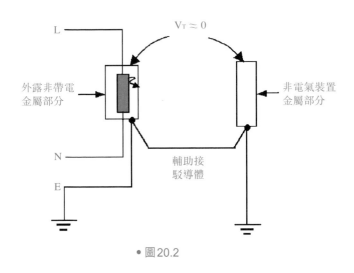

• 圖20.2

1. 若該人體並非站在絕緣物體之上，例如站立在地上，若發生漏電的電力裝置接地保護失效，該人體仍有間接觸電的危險。

2. 「外露非帶電金屬部分」與「非電氣裝置金屬部分」之間的距離若超過2m便不會被視為可同時接觸的距離，在此情況下，並不一定需要輔助等電位接駁。

3. 金屬物件若非與大地連接，則不應被視為「非電氣裝置金屬部分」（註1）。如圖20.3所示，若有輔助接駁導體將這些金屬物件連接至附近的電力裝置的「外露非帶電金屬部分」，當電力裝置發生接地故障時，人體一旦觸

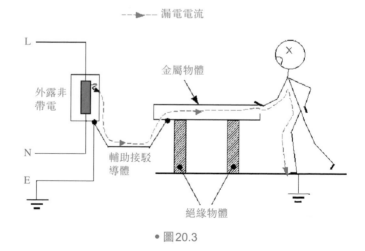

• 圖20.3

及這些金屬物件，是會有觸電危險的。(註：在正常情況下，漏電電流也會同時循電力裝置本身的電路保護導體流入大地，但在電力裝置的保護器件未截斷漏電電流前或該電力裝置的接地保護已經失效的情況下，上述的觸電情況仍然會存在的。)

21 避雷裝置

21.1 雷電成因

　　當雲層在空中急劇對流時，空氣分子和水分子互相摩擦而產生大量電荷。正電荷與負電荷分別聚集到雲的兩端，形成電場。如果帶電的雲層接近地面，地面會因感應而帶異性電荷，從而地面與雲層之間形成強大的電場。當電場強度可擊破空氣絕緣時，便會發生大規模放電現象，形成閃電（圖21.1）。

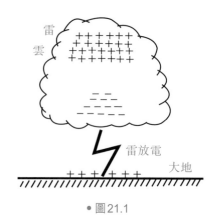

雷雲

雷放電

大地

● 圖21.1

　　雷電大都發生在低緯度地區，如印尼、非洲中部、巴拿馬等地。本地雖然並不算是發生雷電頻繁的地方，但根據本港天文台在香港境內錄得之日閃電次數（雲對地）亦不少。

雷電的能量足以擊毀任何結構，所以建築物和電氣設備必須採取防雷措施。

21.2 避雷裝置的基本組成

避雷裝置一般由避雷終端（Air termination）、引下線（Down conductor）和接地終端（Earth termination）三部分組成。

21.2.1 避雷終端

避雷終端一般處於建築物之最高位置，其主要目的並不是避雷，而是引雷，讓閃電電流通過與其接駁的引下線留向大地，從而保護建築物免受雷電的直接襲擊（圖21.2）。避雷終端可由垂直（Vertical）或橫向（Horizontal）導體或兩者組合而成。

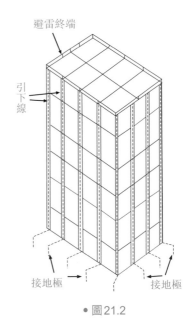

• 圖21.2

垂直導體

BS6651以保護區域（Zone of protection）的概念來說明垂

直導體，即避雷針或避雷杆的應用。保護區域是指如圖示圓錐體所幅蓋的空間範圍。此圓錐體是以垂直導體的一端為頂尖及保護角度為45°而構成的。若建築物是存放易燃物品，則保護角度應減至30°（圖21.3）。

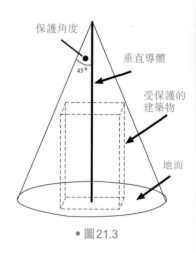

保護角度

垂直導體

受保護的建築物

地面

• 圖21.3

保護區域的概念只適用於高度不超過20m的建築物。因為高層建築物，除了屋頂可能受到雷擊外，它的側面受到雷擊的可能性也較高。

橫向導體

BS6651訂明若以橫向導體作為避雷終端，則屋頂任何部分與避雷終端之間的距離應在5m範圍之內。避雷終端應沿屋角、屋脊、屋簷、圍牆等易受雷擊部分裝設（圖21.4）。

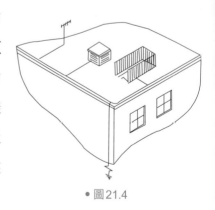

• 圖21.4

突出屋頂的金屬物件，例如電視天線、欄杆、喉管、冷卻塔等也須與相鄰的避雷終端互相連接，成為避雷終端的一部分。組成避雷終端的橫向導體一般都是採25mm×3mm扁銅帶為主。

當屋頂面積較大時，便須敷設以不超過 10m×20m 的避雷網格作為保護（圖21.5）。建築物若用作存放易燃物品，則避雷網格尺寸不應大於 5m×10m。

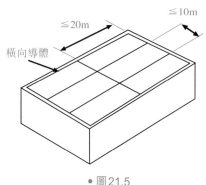

• 圖21.5

21.2.2 引下線

引下線的主要目的是把雷電直接從避雷終端引至大地（圖21.6）。引下線沿着建築物屋頂四周平均佈置，將避雷網格所組成之避雷終端與接地終端連接起來。引下線應沿著建築物外牆，以每根相距不超過20m，經最短途徑接地，但應避免設置於人們容易靠近的地方。建築物的高度若超過20m或建築物存有易燃物品，則引下線之間的距離應減至10m。

引下線可以明裝或暗藏方式裝置。明裝引下線採用25mm×3mm扁銅帶。但當避雷裝置受到雷擊時，避雷終端、引下線、接地終端都會產生高電位，若避雷裝置與建築物的非電氣裝置金屬部份(例如：供水喉、通風管道等)的絕緣距離不夠，便有可能發生旁路閃擊(side-flashing)。因此，為減低旁路閃擊發生的機會，引下線與建築物的電力裝置總接地終端之間便應有總等電位接駁。

現代建築很多使用混凝土鋼筋作為暗引下線，鋼筋直

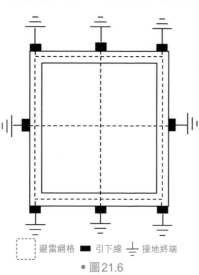

⸋⸜ 避雷網格　■ 引下線　⊥ 接地終端

● 圖21.6

徑不少於12mm。利用這方式把建築物中的金屬結構沿鋼筋連成一整體，構成一個大型金屬網籠（圖21.7）。這種暗籠式避雷網既起屏蔽作用，防禦側擊雷電，又可作為引下線，是一種既經濟又有效的防雷裝置。

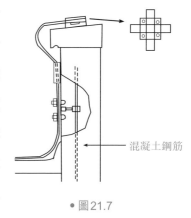

混凝土鋼筋

● 圖21.7

21.2.3 接地終端

接地終端有多種形式，如：接地棒、接地板、混凝土鋼筋等，但絕不能使用氣體及供水喉管的金屬件作為接地終端。

接地終端中以接地棒較為常用。機電工程署規定銅棒直徑不少於12.5mm；不鏽鋼或鍍鋅鋼棒直徑不少於16mm。而接地板則採用不少於3mm厚而面積不超過1,200mm×1,200mm的銅板。

若將所有接地終端以並聯方式連接起來形成接地終端網絡，則此接地終端網絡，在沒有接駁其他非電氣金屬部分或電力裝置之接地終端時，它的總接地電阻值不可超過10Ω。因此BS6651訂明，每一接地終端的電阻值不可超過$10\times$接

地終端的總數。例如接地終端的總數是10，則每一接地終端的電阻值便不可超過 $10 \times 10 \Omega$，即 100Ω。

將接地棒以並聯方式連接起來的接地終端網絡，其接地棒之間距離不可少於接地棒的埋藏深度。而連接接地棒之間的銅帶離地面不應少於0.6m（圖21.8）。

要留意的是離地面約2m處應設置測試連桿（Test Link）作為引下線與接地終端之間的隔離點。較粗的銅棒並不能很有效地減低接地電阻值。研究指出，增加一倍直徑的銅棒只能比原本的降低接地電阻值約9.5%。

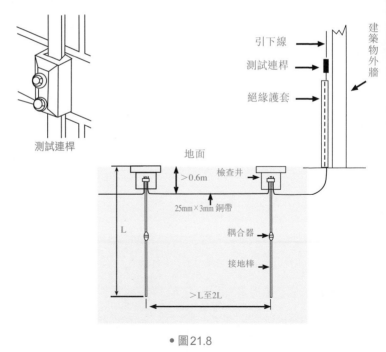

• 圖21.8

21.3 避雷裝置的檢查及接地電阻測量方法

避雷裝置中的各部份多屬戶外裝置，因此要留意避雷終端、引下線和接地終端是否有破損、鬆脫、腐蝕等而影響避雷系統之電氣連續性。此外，亦須檢查避雷裝置的保護區域是否包括建築物之加建或改動部份。BS6651建議每12個月便須檢查避雷裝置一次。機電工程署在2003年出版的工作守則「核對表4」亦已加入避雷裝置的檢查項目。

傳統上的接地電阻測量方法，多採用電位降法。此方法要求測試器的輔助接地極Y與避雷裝置的接地終端之間相隔不少於20m的距離。而另一輔助接地極X則置於避雷裝置的接地終端與Y中間，接地終端的接地電阻值約等於圖21.9中的V值除以I值。

使用此方法的限制是X及Y的放置處需是泥土地面。若遇到的是混凝土地面而不能使用此方法，可以參考以下方法來測量接地電阻值。

如圖21.10所示，首先將引下線與測試連桿隔離，然後將「接地環路阻抗測試器」一端接上電源，另一端接上測試連桿。電源可從最

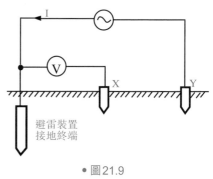

• 圖21.9

接近測試連桿位置的照明或插座電路(例如：燈掣)取得。但要留意的是若電源取自插座電路，當使用「接地環路阻抗測試器」時，可能會引致插座電路的漏電保護器跳掣。

測試器所量度的環路阻抗值：Z_S是$Z_1 + Z_2 + Z_E$，但因構成Z_S主要部份是Z_E，因此所量度得出的數值約等於Z_E，即避雷裝置接地終端的接地電阻值了。

此方法也可用於量度整個避雷裝置的總阻值。首先將避雷裝置與電力裝置的接地終端及與其他的非電氣金屬部份之間的等電位接駁隔離，然後將「接地環路阻抗測試器」一端接上電源，另一端接上建築物頂部的避雷終端。電源也是從最接近避雷終端的電路取得。測試器所量度的環路阻抗值是上述的Z_S再加上避雷終端及引下線的阻值。若避雷終端及引下線之間的接駁良好，所量度的數值只應稍高於上述Z_S的數值。

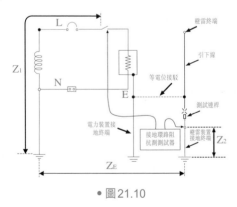

● 圖21.10

2 白熾燈、熒光燈與LED燈

傳統上使用電力產生的照明光源可分為：熱輻射發光光源（例如：白熾燈、鹵鎢燈）及氣體放電發光光源（例如：熒光燈、霓虹燈等）。除此之外，近年亦加入了一種新的照明光源，稱為發光二極管（LED）。

過往，燈膽及光管可說最常使用的照明光源。購買燈膽時，店員會問：要幾多火？光膽、沙膽、奶膽？釘頭、螺頭？大頭、細頭？而買光管時，店員亦會問：要幾多呎管？米色、白色？粗管、幼管？其實上述問題是直接與多個電光源的技術參數有關。例如：問幾多火即是問幾多瓦（Watt）？而米色、白色？則與光管的「色溫」有關。

22.1 白熾燈（Incandescent lamp）

白熾燈是利用鎢作為燈絲，所以也可稱為鎢絲燈（簡稱：燈膽）。工作原理是當電流通過燈絲時，燈絲受熱而發光。以電壓220V計，燈膽的主要功率有25/40/60/100/150/200W等。「光膽」指燈泡玻璃沒有任何加工，可清楚看見燈泡內的燈絲；若燈泡玻璃製成磨沙則稱之為「沙膽」；若燈泡玻璃內塗乳白色，則叫「奶膽」。沙膽、奶

膽的好處令人感到照明光線比較柔和，減少刺眼的感覺。燈頭可分為釘頭、螺頭。螺頭再分為E27（大頭）及E14（細頭）。通常60W或以上用大頭；40W或以下則大、細頭也有，來配合不同大小的燈座。

22.2　熒光燈（Fluorescent lamp）

熒光燈的主要發光原理是當電流通過燈管內的燈絲，燈絲受熱釋放大量自由電子，電子撞擊燈管內汞蒸氣，使汞蒸氣發出紫外線，當紫外線照射到管內壁的熒光物質時，熒光物質便發出可見的光源。而不同化學成分的熒光物質可產生不同顏色的光源，例如：粉紅色、白色、米色、藍色等。

22.2.1　T8與T5熒光燈管

外形上，熒光燈管可分為直管、U形管、環形管等。直管形熒光燈（簡稱：光管）可說是目前最普遍使用的一種照明光源。而本地最常用的光管的管直徑可分為T12/T10/T8/T5。（T12=12/8吋、T10=10/8吋、T8=8/8吋、T5=5/8吋）。前文提及粗管是指T12管，而幼管是指T8管。現時最普遍使用的是T8及T5直管。T8管的長度分為600/900/1,200/1,500/1,800mm（行內習慣稱為2/3/4/5/6呎管），而相對功率則是18/30/36/58/70W。即是2呎管的功率是18W；3呎

管的功率是 30W；4 呎管的功率是 36W，如此類推。

T5 管的長度比 T8 管短 50mm，因此長度約為 550/850/1,150/1,450mm，而相對功率則為 14/21/28/35W。此外，還有一些功率較小的 T5 管可供選擇，主要用於指示牌及傢具照明方面。

T5 管必須要配合電子式鎮流器使用，而 T8 管則可用電感或電子式鎮流器。機電工程署曾測試過某著名牌子的 28W/T5 照明器（俗稱支架）及裝設了電感式鎮流器的 36W/T8 照明器。結果顯示 28W/T5 照明器的耗電功率為 30W；而 36W/T8 照明器耗電功率為 47W，因此 36W/T8 照明器比 28W/T5 照明器耗電功率多出 36%。

T5 管照明器售價一般比 T8 管照明器高，但是否符合經濟效益則要考慮 T5 管照明器的耐用問題。T5 與 T8 管的平均壽命大致相同，但若 T5 管照明器使用了質量較差的電子式鎮流器，其耐用性卻遠低於使用傳統電感式鎮流器的 T8 管照明器。要更換電子式鎮流器亦非容易，因為電子式鎮流器多暗藏於照明器的背部，若照明器的安裝位置是緊貼天花或牆身的話，往往要把整套照明器拆卸下來才能替換。電子式鎮流器容易損壞的原因除了質量欠佳外，相信亦可能是照明器的安裝位置使其散熱效果不理想所引致。

現時已有可將T5管直接安裝於T8管照明器之轉換燈具，方便使用T5管但省卻拆卸舊有T8管照明器的費用。

22.2.2 緊湊型熒光燈（Compact Fluorescent Lamp）

緊湊型熒光燈（俗稱：慳電膽）和熒光燈的工作原理並無分別。只是慳電膽將所有部件集中在一個體積與燈膽相若的燈具內。慳電膽的發光效率是燈膽的4~5倍，例如：一個11W慳電膽便相當於一個60W燈膽的的照明效果。慳電膽的燈頭形狀大小和鎢絲燈的燈頭相同，也是分為釘頭、螺頭。螺頭再分為E27（大頭）及E14（細頭）。

22.3 LED燈

現時非常流行的LED燈是由多個發光二極管以串、並聯起來而成。LED燈是目前最具能源效益的人造光源。以某生產商出品為例：一個12 W LED燈膽便相當於一個22 W慳電膽或一個100 W鎢絲燈膽的照明效果。

22.4 其他的技術參數

除上述各項考慮外，若留意燈膽、光管或LED燈的包裝說明資料，還有以下各項技術參數：

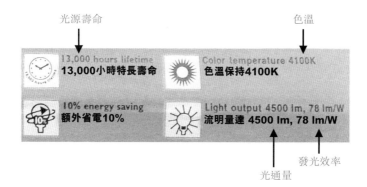

光源壽命　　　　　　　　　　　　　　　　　　　色溫

13,000 hours lifetime
13,000小時特長壽命　　　Color temperature 4100K
色溫保持4100K

10% energy saving
額外省電10%　　　　　　Light output 4500 lm, 78 lm/W
流明量達 4500 lm, 78 lm/W

光通量　　　發光效率

22.4.1 光源壽命(Lamp life)

在正常電壓下運作，燈膽的的平均壽命約1,000小時。若電壓高於正常，可增強燈膽的發光能力，但使用壽命可能會大為減少。電壓大約上升8%可降低其使用壽命達40%。

慳電膽的使用壽命約為8,000小時。T5/T8光管方面可達10,000～15,000小時。電壓對其影響並不很大，但操作頻

● ─〜〜||||||| TIPS |||||─●

Lumen與代表照度的單位：勒克斯(lux)的分別。1 lux=1 lm/m^2，所代表的是1 lumen光通量平均分佈在1m^{2}被光源照射的面積上。我們可以說這支燈的lumen不夠那支燈多，也可以說這個場所的lux不夠強。但是不能說成這支燈的lux不夠那支燈多，也不可以說這個場所的lumen不夠強。兩者不可混淆。

率上升則可改善其發光能力。LED燈的使用壽命最長，平均可達15,000～30,000小時。

22.4.2 光通量（Luminous flux）

光通量是用來表示光源發光能力的量值。單位是流明（lumen）。簡單來說，光源的流明值愈高，周圍的環境也愈亮。例如：220V/40W燈膽的光通量約為350lm；220V/36W T8光管的光通量約為3,000lm；220V / 16W慳電膽的光通量約為1,000 lm；220V / 12W LED燈的光通量約為1,350 lm。

22.4.3 發光效率（Efficacy）

發光效率（簡稱：光效）對電光源來說是指每瓦電能產生的光通量。單位是lm/W。例如：白熾燈的光效約為8-18lm/W；T5 / T8螢光管的光效約為80-100 lm/W；慳電膽的光效約為50-70 lm/W；LED燈膽的光效約為60-130 lm/W。這麼大的分別的主要原因是鎢絲燈只有10%電能轉換成光能，90%電能轉化成熱能而耗掉。慳電膽只有約20%的電能轉成光能，而LED燈則有50%以上的電能轉換成光能。

22.4.4 色溫（Colour Temperature）

色溫是用來描述光源的顏色，並以絕對溫度Kelvin（K）表示。數值越低越偏近紅色，數值越高越偏近藍色。例如：橙色光源的色溫約為2,000K；黃色光源的色溫為約為3,000K；白色光源的色溫為約為3,000K-6,500K。不同色溫的光源會帶給人們冷暖的感覺。光源色溫低於3,300k屬於暖色調；3,300-5,300K為中間色調；高於5,300K為冷色調光源。

鎢絲燈膽的色溫約為2,700K，屬於暖色光源。而熒光管及LED燈的色溫範圍很廣，例如：2,700K（白熾燈色）、3,000K（暖白色）、3,500K（白色）、4,000K（冷白色）、6,500K（日光色）。

色溫低於3,300K的暖色調光源會特別適合用於家居、裝潢華麗的高級食府等；而辦公室、學校等則可用色溫3,000-5,000K的熒光管作為照明光源。但若要營造Cyber或寒冷感覺的場所（例如：皮草公司），則可選擇色溫6,500K的照明光源。

22.4.5 顯色性（Colour Rendering）

顯色性是指照明光源顯現物體顏色的能力。顯色指數（CRI-Colour Rendering Index）便是用來標示各種照明光源的顯色性。以 R_a 作為代號，由0至100，並以100代表大自然白晝光源的顯色性。因此，光源的 R_a 數值越大即表示其顯色性越接近大自然白晝光源。鎢絲燈及鹵鎢燈（或稱石英燈）的顯色性能非常好，R_a 值可高達95-100；LED燈的Ra值在70-95之間。慳電膽及T5／T8光管的Ra值約在70-85左右。用於街道照明的低壓鈉燈是屬於不能有效地分辨顏色類別的照明光源，一些生產商甚至不提供 R_a 數值。

光源的顯色性對分辨顏色要求較高的場所尤其重要。舉例說：售賣新鮮蔬果肉類的商店，需要顯色性較高的照明光源，因此多會選用鎢絲燈或LED燈來照明。若使用顯色性較低的熒光燈照明，便不能充分地將新鮮蔬果肉類的顏色顯示出來，失去食品新鮮的感覺了。

2.5 照明光源的選擇

在LED燈未曾普及前，照明光源的選擇主要有白熾燈及熒光燈。從能源效益來說，光管絕對優於燈膽，而T5光管比T8光管更省電。但在對辨色要求很高的場所如展覽館、服飾店等，鎢絲燈、 鎢燈這些顯色性較強的光源，仍然是較為合適的選擇。但現時LED燈為無論在發光效率、壽命、色溫及顯色性等各方面都表現出色，已經成為照明光源的主流了。

以家居照明為例，客飯廳、睡房可選擇低色溫(3,000K左右)的LED燈作為環境照明，裝飾照明可選擇顯色性高(Ra>90)的LED燈，廚房可用低或中間色溫(4,000K左右)的LED燈，洗手間則因開關頻繁且要求照明光源即時啟動，LED燈亦符合這方面的要求。

總結來說，只要多留意，多比較，多花點心思，總會找到合適的照明光源。

23 從 BS6651 到 BSEN62305

　　本地很多建築物的避雷裝置都是根據 BS 6651 而設計的。但因 BS 6651 已經於 2008 年 8 月被 BSEN 62305 所取代，所以在工作守則 2009 年版 ― 守則 26 中訂明 BSEN 62305 為其中一個設計及安裝避雷裝置的參考標準。BSEN 62305 (Protection Against Lightning) 於 2006 年出版，並在 2008 年 8 月 31 日全面取代 BS 6651。新標準共分為 4 部分：

- BSEN 62305 - 1 General Principles（一般規定）
- BSEN 62305 - 2 Risk Management（風險管理）
- BSEN 62305 - 3 Physical damage to structures and life hazard（對結構的物理性破壞與生命危害）
- BSEN 62305 - 4 Electrical and electronic systems within structures（結構內之電力和電子系統）

23.1 風險評估流程圖

　　在設計任何避雷系統前，應按照建築物的類型、受雷擊的可能性等來評估該建築物是否須要安裝避雷裝置。根據 BSEN 62305 - 2，風險評估的流程圖如下：

根據建築物的類型來確定雷擊所造成之各項損失

計算各項損失之風險(R_n)（註1）。包括
R_1-Risk of loss of human life（人命損失之風險）
R_2-Risk of loss of service to the public（服務損失之風險）
R_3-Risk of loss of cultural heritage（文化遺產損失之風險）

$R_n > R_T$（註2） ——否→ 建築物不需要避雷系統

是 ↓

建築物需要適當級別的避雷系統（註3）來減少 R_n 的數值

註1：

各項損失之風險（R_n）都是由不同的風險分子（Risk Components）所組成。

R_n 的基本計算公式：$R_n=\Sigma R_x$ （R_x - 風險分子）

$R_1 = R_AR_B + R_C + R_M + R_U + R_V + R_W + R_Z$

$R_2 = R_B + R_C + R_M + R_V + R_W + R_Z$

$R_3 = R_B + R_V$

每個風險分子（如 R_A、R_B 等）的設定與雷電侵襲的位置及造成的損失有關。

雷電侵襲位置分為：

S_1 - 雷電直接侵襲建築物；

S_2 - 雷電侵襲建築物的附近；

S₃ - 雷電直接侵襲引進建築物的電力或通訊電纜；

S₄ - 雷電侵襲引進建築物的電力或通訊電纜的附近。

R_x 的基本計算公式：$R_x = N_x \times P_x \times L_x$

N_x - 建築物每年受雷擊的次數

P_x - 發生因雷擊造成損失之機會率

沒有避雷裝置的建築物，$P_x = 1$；設有避雷裝置的建築物，$P_x < 1$。因此，為建築物加設適當級別的避雷系統及防電湧保護器（Surge Protection Device），能有效地減低各 R_x 值，而最終使 R_n 少於其可承受風險值（R_T）。

L_x - 人命或服務損失的數量

註2：

根據 BSEN 62305-2，可承受風險值 R_T 如表23-1：

損失類型（R_n）	可承受風險值/每年（R_T/annum）
R_1	1×10^{-5}
R_2	1×10^{-4}
R_3	1×10^{-4}

• 表23-1

註3：

根據 BSEN 62305 - 2，避雷系統（Lightning Protection System（LPS））共分為四級：即 LPS Class I, II, III 及 IV。最基本級別是 LPS Class IV；最高級別是 LPS Class I。

如何選擇適當級別的避雷系統

　　舉例說若評估的建築物並非歷史古蹟，便只須計算 R_1 及 R_2。首先假設該建築物並沒有任何的避雷裝置，若 R_1 及 R_2 的計算結果皆少於其相應之可承受風險值（即 $R_1 \leq 1 \times 10^{-5}$；$R_2 \leq 1 \times 10^{-4}$），則該建築物便不需要避雷裝置。但若 R_1 或 R_2 大於其相應之可承受風險值，則先以 LPS Class IV 作為該建築物的避雷系統，然後計算 R_1 及 R_2。若 $R_1 \leq 1 \times 10^{-5}$ 及 $R_2 \leq 1 \times 10^{-4}$，則 LPS Class IV 便是該建築物適當級別的避雷系統。但若 R_1 或 R_2 仍然大於於其相應之可承受風險值，則選擇 LPS Class III 作為該建築物的避雷系統，然後重新計算 R_1 及 R_2。餘此類推，直到有一個適當級別的避雷系統令到 R_1 及 R_2 均少於其可承受風險值為止。

新舊標準在風險評估上的分別

　　BS6651 的風險評估目的是確定受評估之建築物是否需要避雷系統。但 BSEN 62305 除了評估建築物是否需要安裝避雷系統外，還進一步確立建築物所需之避雷系統級別。

　　BS 6651 只須評估 R_1（即人命損失之風險）。同樣地，若 $R_1 > 1 \times 10^{-5}$，被評估之建築物便需要避雷系統的保護。避雷系統分為兩類，分別適用於一般的建築物及高風險建築

物。無論選擇那類避雷系統，也不需重新計算 R_1，來確定 R_1 是否已經少於可承受風險值。

BSEN 62305除了評估R_1（人命損失之風險）外，還須評估 R_2（服務損失之風險）。若建築物屬於歷史建築，則文化遺產損失之風險（R_3）也須要評估。

23.4　新舊標準在避雷系統設計上的分別

BS6651所描述的避雷系統，主要由避雷終端、引下線和接地終端（可參考本書第21章：21.2）三部分所組成，目的是減低建築物直接遭受雷擊所帶來人命損失之風險。這部分的內容亦成為 BSEN 62305 - 3的基礎部分。

新舊標準在接地終端的主要分別如下：

BSEN 62305 - 3

將接地終端分為兩類：

A 類安排（Type A arrangement）：由多根水平或垂直接地導體所組成。

B 類安排（Type B arrangement）：由放置於建築物的外部環形接地導體所組成。埋藏深度不少於0.5 m 及距離外牆不少於1.0 m。

BS6651

由多根水平或垂直接地導體所組成。

新舊標準在避雷終端的設計及引下線間距的分別如下：

BSEN 62305 - 3

避雷系統級別 （Class of LPS）	避雷終端（或稱接閃器）方式		引下線間距
	網格法（網格的最大值）	保護角法	
I	5 m × 5 m	（圖23.1）	10 m
II	10 m × 10 m		10 m
III	15 m × 15 m		15 m
IV	20 m × 20 m		20 m

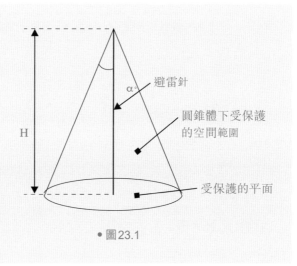

• 圖23.1

以避雷針作為避雷終端方式，其保護角度(α)與避雷針最高點與受保護平面之間的距離(H)的關係如圖23.2所示：

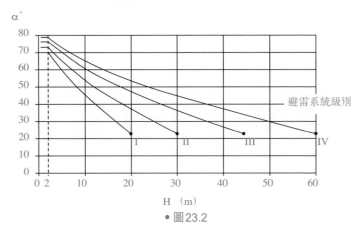

• 圖23.2

注意：以保護角法作為避雷終端的建築物高度限制如表23-2：

避雷系統級別	建築物高度
LPS Class I	< 20 m
LPS Class II	< 30 m
LPS Class III	< 45 m
LPS Class IV	< 60 m

• 表23-2

BS 6651

網格的最大值：

一般的建築物：10 m × 20 m

藏有爆炸性或易燃性物品之建築物：5 m × 10 m

引下線間距：

樓高 ≤ 20 m 之建築物：20 m

樓高 > 20 m 之建築物：10 m

保護角法：

一般建築物：$\alpha = 45°$；

藏有爆炸性或易燃性物品之建築物：$\alpha = 30°$。

上述提及的避雷系統，主要用作保護建築物免受直接雷擊所帶來的傷害。但對於雷電以其他形式的入侵（例如：通過電源、電話線引入的直接或感應雷擊）而須採取的防護措施，舊標準將這部份的資料記載於 BS6651 附錄 C 作為參考性質。新標準將這部份的資料收納於 BSEN 62305-4 內，成為新標準其中之一個主要部份，並且加進防雷區域的概念及因應在評估服務損失之風險（R_2）過程中所需之避雷系統級別，提供在選擇防電湧保護器（SPD）上的指引及其他可減低服務損失風險（R_2）之防護措施。

合共四百多頁的 BSEN 62305 中，那些充滿文字、公式、數據表的內容可能令初次接觸這份標準的人士感到煩惱。希望透過這數頁短篇的介紹，使大家在查閱這份內容豐富、資料詳盡的標準時，可以稍為減輕一點煩惱的感覺吧！

24 工作守則2015年版

電力（線路）規例工作守則2015版適用於2017年11月30日起完成及連接電力供應的裝置。新守則應用於新的電力裝置及進行改裝的現有裝置，對現有裝置並無追溯力。

有關工作守則2015年版主要修訂內容如下：

1. 新守則增加多項有關進行高壓裝置電力工作的安全指引其中包括：

- 守則4H（3）加入以下在高壓電力器具進行電力工作的程序：
    - ◆ 4H（3）（i）：多組掣板上的滙流排插座
    - ◆ 4H（3）（j）：饋電裝置或變壓器插座，或單一掣板上的滙流排插座
    - ◆ 4H（3）（k）：配電變壓器的接點或繞組
    - ◆ 4H（3）（l）：發電機的接點或繞組
- 守則8A（7）加入有關11千伏及22千伏總開關的技術指引
- 守則21D加入有關發出測試許可證（Sanction-for-test）（High Voltage）以進行高壓測試的安全指引
- 附錄16B加入測試許可證（高壓）樣本
- 附錄17B加入高壓掛鎖關啟記錄簿

2. 使用可上鎖開關掣

新守則加入 9A（3）（d）：微型斷路器及模製外殼斷路器
應備有可上鎖功能，使它們可被關鎖及只可使用鎖定這些設
備的鎖匙或工具解鎖。這些鎖匙或工具應由鎖定這些設備的
人保管。

雖然有關要求只適用於新安裝或經改動的裝置，但為了
防止在進行電力工作期間出現不慎被啟動而發生電力意外的
情況，舊款微型斷路器（MCB）及模製外殼斷路器（MCCB）
也應在可行的情況下外加上鎖的輔助器具，以保障裝置使用
者及電力維修工程人員的安全。

3. 新守則提供重新設計以下表格樣本

• 附錄 15B：「電力安全評估表格」（Electrical Safety
  Assessment Form），以取代 2009 版的「帶電工作風險評估
  報告」

• 附錄 16A：「工程許可證」（Permit-to-work）

  上述樣本內容比以前的版本直接易明，方便填寫。

●━━∿∿|||||| **TIPS** ||||||━●━

有關如何應用「工作許可證」及「電力安全評估表格」可參閱第 28 期電力
快訊。它的中英文版本可於機電工程署網頁 (www.emsd.gov.hk) 瀏覽。

4. 新守則加入21F：對連接至電力公司變壓器的總掣櫃進行
   定期檢查、測試及發出證明書工作的停電安排

   此條文最主要目的是為保障電力工程人員的個人安全
及避免電力意外發生時影響到大廈的電力供應。電力工程
人員在對連接至電力公司變壓器的總掣櫃進行定期檢測工
作前，須確保電力公司已經截斷大廈的電力供應。而機電
工程署亦會要求電力承辦商就上述總掣櫃提交WR2時，須
一併付上電力公司的臨時停電記錄（例如電力公司的相關信
件或收據等）。

5. 新守則加入26R：裝設於樓宇構築物內的電熱系統

   因應本港近年在樓宇構築物內裝設電熱系統（如汗蒸
房）的做法愈見流行，因此新守則亦加入發熱元件的國際標
準，即為發熱元件提供適當程度的機械性保護，以防被物件
貫穿及入水，以及在未能提供適當的已接地機械性保護的情
況下，須採用額定餘差啟動電流值 ≤ 30 mA 的電流式漏電斷
路器（RCD），以提供保護。

6. 新守則加入26S：電動車輛的充電設施

   因應電動車輛日益普及，對安裝有關車輛的充電設施的
需求亦相應增加，因此新守則加入了有關裝置的安全及技術
指引，以供業界按照機電工程署所發出的相關指引內的適用

規定，以及其他有關的國家／國際標準或同等標準，進行設計及安裝。

7. 新守則根據Institution of Engineering and Technology（IET） Wiring Regulations 17th Edition Amendment Number 3:2015 更新部分圖表，包括：

• 表11（8）：當電路以BS 88-2熔斷器保護而標稱電壓為220 伏特時在0.4秒內切斷電源的最大接地故障環路阻抗值

• 表11（11）：當電路以BS 88-2熔斷器保護而標稱電壓為 220伏特時在5秒內切斷電源的最大接地故障環路阻抗值

• 附錄5：有關決定電纜導體大小的額定值因數

  ◆ 表A5（1）：環境溫度的額定值因數

  ◆ 表A5（3）：組合電纜的額定值因數

  ◆ 表A5（6）：藏於地下混凝土線坑內電纜的額定值因數

• 附錄6：有關PVC及XLPE絕緣電纜的載流量及電壓降表 （表A6（1）-A6（8））

• 附錄7：有關電纜的典型安裝方法

─ ⌇⌇⌇⌇ **TIPS** ⌇⌇⌇⌇ ─

有關電力（線路）規例工作守則2015版更詳盡的資料可瀏覽以下網址：https://www.emsd.gov.hk/tc/electricity_safety/new_edition_cop_ electricity_wiring_regulations/index.html

25 建築物能源效益條例

「建築物能源效益條例」(以下簡稱：條例)屬於香港法例第610章。「條例」由機電工程署負責執行，並於2012年9月21日起全面實施。「條例」的主要目的是透過強制實施「建築物能源效益守則」，規管訂明建築物內主要屋宇裝備裝置的能源效益標準，其中包括：空調裝置、電力裝置、照明裝置和升降機及自動梯裝置。

「條例」涵蓋香港訂明類別的私人及公眾建築物。以住宅建築物及工業建築物為例，「條例」只會規管這些建築物內公用地方的屋宇裝備裝置。住宅單位及工業單位卻不受「條例」涵蓋。有關訂明建築物的類別，請參閱「條例」的附表1(註1)。

25.1 「條例」的主要規定

1. 新建建築物(註2)的發展商須向機電工程署呈交「首階段聲明」及「次階段聲明」(註3)申請「遵行規定登記證明書」。發展商在呈交該等聲明前，須委聘「註冊能源效益評核人」核證該等聲明。

2. 在訂明建築物(不論新建或現有建築物)的單位或公用

地方完成「主要裝修工程」(註4)後的2個月內，負責人（業主、租客或佔用人等）須向「註冊能源效益評核人」取得「遵行規定表格」。

3. 商業建築物或綜合用途建築物的商業部分的擁有人每10年須委聘「註冊能源效益評核人」，依據(能源審核守則)為建築物內該四類主要中央屋宇裝備裝置進行能源審核。

註1：

根據「條例」附表1，訂明建築物的類別包括：

(1)商業建築物。

(2)綜合用途建築物的並非作住宅或工業用途的部分。

(3)旅館。

(4)住宅建築物的公用地方。

(5)綜合用途建築物的作住宅或工業用途的部分的公用地方。

(6)工業建築物的公用地方。

(7)主要作教育用途而佔用的建築物。

(8)主要作社區用途而佔用的建築物(包括社區會堂及社會服務中心)，及作兩個或多於兩個上述地方而佔用的綜合用途建築物。

(9)主要作市政用途而佔用的建築物(包括街市、熟食中心、圖書館、文娛中心或文化中心及室內運動場)，及作兩個或多於兩個上述地方而佔用的綜合用途建築物。

(10)主要作醫療及健康護理服務用途而佔用的建築物(包括醫院、診療所及康復中心)。

(11)由政府擁有的主要用作在執行政府的任何職能期間容納人的建築物。

(12)機場的客運大樓。

(13)鐵路車站。

註2：

若建築物在2012年9月21日後(即由2012年9月22日起)獲得建築事務
監督或其他相關部門為上蓋建築物發出的「建築工程展開同意書」，則
被視為「新建建築物」。

註3：

「首階段聲明」須於上蓋建築物的「建築工程展開同意書」發出當日的2
個月內呈交。而「次階段聲明」須於建築物獲發「佔用許可證」後的4個
月內呈交，以從機電工程署取得「遵行規定登記證明書」。

註4：

根據「條例」附表3，「主要裝修工程」是指：

(1)涉及增設或更換「建築物能源效益守則」所指明的屋宇裝備裝置的
　　工程，而該項工程在於12個月內在訂明建築物的單位或公用地方
　　進行的同一系列工程下，涵蓋樓面面積不少於500平方米的一個地
　　方，或涵蓋總樓面面積不少於500平方米的多於一個地方。

(2)中央屋宇裝備裝置的主要組件的增設或更換，包括：

　　(a)額定值為400安培或超過400安培的一組完整電路的增設或更換；

　　(b)一部冷卻或供暖額定值為350千瓦或超過350千瓦的單式組裝空
　　　　調機或冷水機的增設或更換；或

　　(c)一部升降機、自動梯或行人輸送帶的電機驅動系統及機械驅動
　　　　系統的增設或更換。

5.2 「條例」不適用的範圍

「條例」第4條及第21條第(2)款中列明了「條例」不適用的建築物類別。

「條例」第4條中列明了:

(1) 條例不適用於

(a) 符合以下說明的建築物:控制該建築物電力供應的總電力開關的允許負載量,不超逾100安培(單相或三相);

(b) 符合以下說明的建築物:

(i) 不超過3層高;

(ii) 有蓋面積不超過65.03平方米;及

(iii) 高度不超過8.23米;

(c) 根據《古物及古蹟條例》(第53章)第2A條宣佈的暫定古蹟或暫定歷史建築物;或

(d) 根據《古物及古蹟條例》(第53章)第3條宣佈的古蹟或歷史建築物。

(2) 如署長應某建築物的擁有人作出的聲明,信納該建築物在該聲明的日期之後的12個月內將不再存在,則本條例不適用於該建築物。

(3) 條例不適用於附表2(註5)所指明的屋宇裝備裝置。

「條例」第21條第(2)款中列明了:

署長如應某建築物的擁有人作出的聲明，信納該建築物在該聲明的日期之後的12個月內將不再屬附表4(註6)所指者，則本部(指需進行能源審核)不適用於該建築物。

註5：

根據「條例」附表2，不適用的屋宇裝備裝置包括：

(1)純粹作以下用途的裝置：

    (a) 遏止火警；

    (b) 滅火；或

    (c) 遏止火警及滅火。

(2)純粹作以下用途的裝置：

    (a) 外科手術；

    (b) 臨床治療；

    (c) 血液處理；

    (d) 為保全生命而提供或維持合適環境設定；或

    (e) 以(a)、(b)、(c)及(d)段所指明的用途的任何組合。

(3)在建築地盤純粹作建築工程用途的裝置。

(4)純粹作工業製造用途的裝置。

(5)純粹在教育機構內用於研究用途的裝置。

(6)純粹作以下用途的照明裝置：

    (a) 照亮在展示中的展品或產品，包括商品或藝術品的特別照明；

    (b) 裝飾，包括達致建築特色或節慶裝飾效果的特別照明；

    (c) 視覺效果製作，包括表演、娛樂或電視廣播用的特別照明；或

    (d) 以(a)、(b)及(c)段所指明的用途的任何組合。

(7)純粹作以下用途的裝置：

(a) 航空交通調控；

(b) 航空交通安全；

(c) 航空交通管制；或

(d) 以(a)、(b)及(c)段所指明的用途的任何組合。

(8)純粹作以下用途的裝置：

(a) 鐵路交通調控；

(b) 鐵路交通安全；

(c) 鐵路交通管制；或

(d) 以(a)、(b)及(c)段所指明的用途的任何組合。

參考資料：建築物能源效益條例

有關「建築物能源效益條例」詳情，請參閱機電工程署網頁：

http://www.beeo.emsd.gov.hk/

註6：

「條例」附表4：需進行能源審核的建築物

(1)商業建築物。

(2)綜合用途建築物的作商業用途的部分。

26 電力裝置能源效益規定

有關「電力裝置能源效益規定」可見於「屋宇裝備裝置能源效益實務守則」*(以下簡稱：守則)內。此守則除了訂明「電力裝置能源效益規定」外，還包括：照明裝置的能源效益規定、空調裝置的能源效益規定及升降機及自動梯裝置的能源效益規定。

*《屋宇裝備裝置能源效益實務守則》亦被稱為《建築物能源效益守則》

為改善及提升電力裝置的能源效益，守則在電力裝置的設計及監察上有明確的規定。

26.1 配電損耗

主電路：指接駁配電變壓器與位於該變壓器下游的主低壓配電板的電路。

饋電路：指直接於接駁主低壓配電板或位於供電商主熔斷器下游的隔離器至主要用電器具的電路。

次電路：指接駁主低壓配電板至最終配電箱的電路，包括通過上升總線的部分(若適用的話)，或指接駁供電商主熔斷器下游的隔離器起至最終配電箱的電路。

最終電路：指接駁最終配電箱至用電器具或供接駁該等設備或器具的插座或其他供電點的電路。

非由供電商擁有的配電變壓器	變壓器功率<1,000kVA，效率≥98% 變壓器功率≥1,000kVA，效率≥99%
主電路(Main Circuit)的最高銅性損耗	≤0.5% × 電路傳送的總有功功率**
饋電路(Feeder Circuit)的最高銅性損耗	≤2.5% × 電路傳送的總有功功率**
次電路(Sub-main Circuit)的最高銅性損耗，包括上升總線 * (非住宅建築物)內長度(100m的單相或三相次電路	≤1.5%× 電路傳送的總有功功率**
* (非住宅建築物)內長度>100m的單相或三相次電路	≤2.5%× 電路傳送的總有功功率**
* (住宅建築物)內的單相或三相次電路最終電路的最高銅性損耗	≤2.5% × 電路傳送的總有功功率**
32A以上(按電路保護器件額定值計算)的單相或三相最終電路	≤1%× 電路傳送的總有功功率**

**電路傳送的總有功功率需按設計電路電流計算

26.2 電動機裝置

守則對「單速三相全封閉感應式電動機」最低額定滿載效率的規定如下(摘自守則：表7.5.1)：

電動機的額定輸出(P)	最低額定效率	
單位：千瓦(kW)	2-極	4-極
0.75 kW ≤ P<1.1 kW	80.7%	82.5%
1.1 kW ≤ P<1.5 kW	82.7%	84.1%
1.5 kW ≤ P<2.2 kW	84.2%	85.3%
2.2 kW ≤ P<3 kW	85.9%	86.7%
3 kW ≤ P<4 kW	87.1%	87.7%
4 kW ≤ P<5.5 kW	88.1%	88.6%
5.5 kW ≤ P<7.5 kW	89.2%	89.6%
7.5 kW ≤ P<11 kW	90.1%	90.4%
11 kW ≤ P<15 kW	91.2%	91.4%
15 kW ≤ P<18.5 kW	91.9%	92.1%
18.5 kW ≤ P<22 kW	92.4%	92.6%
22 kW ≤ P<30 kW	92.7%	93%
30 kW ≤ P<37 kW	93.3%	93.6%
37 kW ≤ P<45 kW	93.7%	93.9%
45 kW ≤ P<55 kW	94%	94.2%
55 kW ≤ P<75 kW	94.3%	94.6%
75 kW ≤ P<90 kW	94.7%	95%
90 kW ≤ P<110 kW	95%	95.2%
110 kW ≤ P<132 kW	95.2%	95.4%
132 kW ≤ P<160 kW	95.4%	95.6%
160 kW ≤ P<200 kW	95.6%	95.8%
P ≥ 200 kW	95.8%	96%

電動機輸大小的釐定：

(a) 輸出功率額定值 > 5 kW 的電動機，其輸出功率不應超過 125% x 預計系統負載。如計算所得的125%系統負載不在標準額定電動機的額定值範圍內，則可使用額定值高一級的標準電動機。

(b) 上述(a)項的規定，不適用於需具備高起動扭力負載特性的電動機。

電力質素

(1) 總功率因數(Total Power Factor)：

下列電路的總功率因數不應少於0.85

(a) 接駁至供電商電錶的三相電路；

(b) 400A 或以上(按電路保護器件額定值計算)的單相或三相電路。

(2) 總諧波失真率(Total Harmonic Distortion 簡稱：THD)：

下列電路的電流總諧波失真率，不應超過守則：表7.6.2 的要求：

(a) 接駁至供電商電錶的三相電路；

(b) 400A 或以上(按電路保護器件額定值計算)的單相或三相電路。

電流的最高總諧波失真率如下(摘自守則：表7.6.2)

設計電路電流	最高總諧波失真率
I<40A	20.0%
40A ≤ I<400A	15.0%
400A ≤ I<800A	12.0%
800A ≤ I<2,000A	8.0%
I ≥ 2,000A	5.0%

若以方程式表示，電流的總諧波失真率定義如下：

$$總諧波失真率 = \frac{\sqrt{\sum_{h=2}^{\infty} (I_h)^2}}{I_1} \times 100 \%$$

假設 I_1＝基波電流的均方根值

I_h＝第 h 諧波級次的電流均方根值

● 例一：

設某電路的 I_1=125A; I_3=35A; I_5=20A; I_7=10A，求此電路的電流總諧波失真率。

● 題解：

$$電流總諧波失真率(THD) = \frac{\sqrt{I_3^2 + I_5^2 + I_7^2}}{I_1} \times 100\%$$

$$= \frac{\sqrt{35^2 + 20^2 + 10^2}}{125} \times 100\%$$

$$= 33.2\%$$

(3) 各單負載平均分佈 (Balancing of Single-phase Loads)：

(a) 400A 或以上 (按電路保護器件額定值計算) 並有單相負載的三相四線電路，其按設計電路電流計算的最高電流不平衡 (不平衡單相負載分配) 不應超過10%。

(b)電流不平衡率的計算如下：

$$I_u = \frac{I_d}{I_a} \times 100\%$$

假設： I_u＝電流不平衡率

I_d＝個別相電流與平均電流的最高偏差值

I_a＝三相電流之平均值

● 例二：

設某電路的 I_{L1}＝430A；I_{L2}＝400A；I_{L3}＝460A，求此電路的電流不平衡率。

● 題解：

$$I_a = \frac{430 + 400 + 460}{3} = 430A$$

$$I_d = 460 - 430 = 30A$$

$$I_u = \frac{30}{430} \times 100\% = 6.98\%$$

計量及監察設施

主電路

400A或以上(按電路保護器件額定值計算)的單相或三相電路:需設有量度電壓(V)、電流(A)、總功率因數、總能源耗用量(kWh)、最高負荷(kVA)及總諧波失真率的計量儀器。

饋電電路及次電路

凡超過200A但低於400A的單相或三相電路:需設有量度電流(A)及總能源耗用量(kWh)的計量儀器。

400A或以上(按電路保護器件額定值計算)的單相或三相電路:需設有量度電壓(V)、電流(A)、總功率因數、總能源耗用量(kWh)最高負荷(kVA)及總諧波失真率的計量儀器。

參考資料:屋宇裝置能源效益實務守則
有關「屋宇裝置能源效益實務守則」詳情,請參閱機電工程署網頁:
http://www.beeo.emsd.gov.hk

7 電纜銅損耗的計算

過往在計算電纜導體尺寸應是多少時，只須按下列步驟便可：

步驟一：確定電路的設計電流(I_b)；

步驟二：根據$I_n \geqq I_b$的原則，設定電路的過流保護器件之額定值(I_n)；

步驟三：應用下列公式求取所需電纜導體之載流量(I_z)；

$$I_z \geq \frac{I_n}{C_a \times C_g \times C_i \times C_p}$$

C_a、C_g、C_i及C_p為校正因數

步驟四：根據步驟三公式求得之I_z，從電力(線路)規例工作守則：附錄6銅導體的載流量表來選擇大小適當的電纜；

步驟五：計算當電路設計電流通過電纜所產生的電壓降值。若不超過供電標電壓稱值的4%，所選擇的電纜便為之適合(有關計算電纜導體尺寸的詳情，請參考本書第4章4.3)。

自從「建築物能源效益條例」於2012年生效後，除上述步驟外，還須按照有「電力裝置能源效益規定」的要求，在決定主電路、饋電路、次電路或最終電路導體大小時，必須確保電路導體的損耗，不可超出有關的規定。

● 例一：

某連接1,500kVA，11kV/380V三相配電變壓器及主低壓電掣板的**主電路**長度為20m，經上述步驟計算後，選擇以每相3條800mm²PVC單芯銅電纜作為主電路的電纜。

若以三相平衡滿載電流，功率因素為0.85來計算，求此主電路的總銅性損耗有否超出守則的規定？

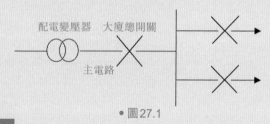

● 圖27.1

● 題解：

三相平衡電路：

● 由電路導體傳送的視在功率（單位：VA），$S = \sqrt{3}U_L I_b$

● 由電路導體傳送的有功功率（單位：W），$P = \sqrt{3}U_L I_b \cos\theta$

● 導體的總銅性損耗（單位：W），$P_{copper} = 3 \times I_b^2 \times r \times L$

上式中：

U_L=線對線電壓

I_b=電路的(每相)設計電流

$\cos \theta$=電路的功率因數

r=在導體操作溫度下每米的交流電電阻

L=電纜長度

P_{copper}(導體的總銅性損耗)= $3 \times I_b^2 \times r \times L$

- 電路的(每相)設計電流： $I_b = \dfrac{S}{\sqrt{3} \times U_L} = \dfrac{1,500\, kVA}{380\, V}$ =2,279A

  每相均以3條800mm²PVC單芯銅電纜作為相導體電纜；

  ∴每條800mm²銅電纜的負載=2,279/3A

- 800mm²銅電纜的導體電阻：r=0.034mΩ/m*

* 數據取自電力裝置能源效益守則2007年版的表4.2B，但若清

  楚知道是用哪一個牌子的電纜，則應以該電纜供應商提供的

  數據來計算。

- 每條800mm²銅電纜的銅性損耗

  = $(2,279/3)^2 \times 0.034$mΩ/m×20m=392.4W

  ∴每相電路(以3條800mm²電纜組成)的總銅性損耗

  =3×392.4W=1,177.2W

∴主電路電纜的總銅性損耗(即 L_1、L_2、L_3 相導體合共的總銅性損耗)$= 3 \times 1,177.2W = 3,531.6W$

- 主電路傳送的總有功功率=電路導體傳送的視在功率 × 功率因素

$$= 1,500KVA \times 0.85 = 1,275kW$$

$P_{copper} (\%) = (3,531.6W/1,275kW) \times 100\% = 0.28\% \ (<0.5\%)$

按守則規定，主電路的最高銅性損耗 $\leq 0.5\%$ × 電路傳送的總有功功率。

∴以每相3條800mm2PVC單芯銅電纜作為主電路電纜的總銅性損耗沒有超出守則規定。

例二：

某三相餽電路的資料如下：

連接裝置：380V，42kW，效率0.8，功率因素0.85的三相四線空調設備

餽電路長度：50m

計算電纜尺寸要考慮的校正因數：

環境溫度的校正因數：$C_a = 0.94$

組合電纜校正因數：$C_g = 0.86$

餽電路保護器件：BS88熔斷器

饋電路電纜：4/CPVC/SWA/PVC銅電纜

佈線方式：在水平或垂直的疏孔線架上

若以三相平衡滿載的情況來計算，求此饋電路電纜尺寸。

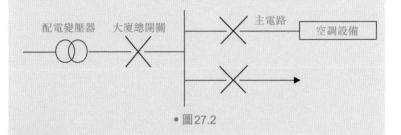

配電變壓器　大廈總開關　　　　　　主電路　　空調設備

• 圖27.2

題解：

步驟一：　設計電流 $I_b = \dfrac{42kW}{\sqrt{3} \times 380 \times 0.8 \times 0.85} = 93.8A$

步驟二：　根據 $I_n \geq I_b$ 的原則，選擇 $I_n = 100A$ 的 BS88 熔斷器作為電路的過流保護器件

步驟三：　$I_z \geq \dfrac{I_n}{C_a \times C_g} = \dfrac{100}{0.94 \times 0.86} = 123.7A$

步驟四：　從電力（線路）規例工作守則附錄6：表 A6（4），$35mm^2$ 電纜導體的載流量是135A，符合此電路電纜所需之載流量要求。

步驟五： 再從表 A6 (4) 查得 35mm^2 電纜導體的電壓降是 1.1mV/A/m。

∴ 電路的總電壓降值 = 50m × 93.8A × 1.1mV/A/m

　　　　　　　　　 = 5.16V（< 4% × 380V = 15.2V）

步驟六： P_{copper}（導體的總銅性損耗）$= 3 \times I_b^2 \times r \times L$

　　$I_b = 93.8$ A；

　　35 mm^2 銅電纜的導體電阻：$r = 0.625$ mΩ/m*

*數據取自電力裝置能源效益守則 2007 年版：表 4.2A。

∴ $P_{copper} = 3 \times 93.8^2 \times 0.625$ mΩ/m × 50 m = 825 W

饋電路傳送的總有功功率 = 輸出功率 / 效率

　　　　　　　　　　　　 = 42 kW / 0.8 = 52.5 kW

P_{copper}（%）=（825 W/ 52.5 kW）× 100% = 1.57%（< 2.5%）

按守則規定，饋電路的最高銅性損耗 ≤ 2.5% × 電路傳送的總有功功率。

∴ 此饋電路可使用 35 mm^2 4/C PVC/SWA/PVC 銅電纜作為電路電纜。

●━◇◇◇◇◇ TIPS ◇◇◇◇━●

若 P_{copper} 超出守則規定，則要選擇大一號(甚至大二號)的電纜，按步驟六重新計算，確保（$P_{copper} \leq 2.5\%$ × 電路傳送的總有功功率）的規定。

例三：

假設例二中的「空調設備」配置了變速驅動器，當滿載時所產生的諧波電流是：

$I_3 = 33\,A$；$I_5 = 25\,A$；$I_7 = 15\,A$；$I_9 = 10\,A$。

若以三相平衡滿載但有諧波電流的情況來計算，求此饋電路電纜尺寸。

題解：

三相平衡電路，有諧波電流：

$$I_b = \sqrt{\sum_{h=1}^{\infty} (I_h)^2} = \sqrt{I_1^2 + I_2^2 + I_3^2 + \cdots\cdots}$$

若沒有諧波電流的數據，只有電路總諧波失真率（**THD**）：

$$I_b = I_1 \sqrt{1 + THD^2}\,)$$

P_{copper}（導體的總銅性損耗）

= 相導體的總銅性損耗 + 中性導體的銅性損耗

$$= (3 \times I_b^2 \times r \times L) + (I_N^2 \times r \times L) = (3 \times I_b^2 + I_N^2) \times r \times L$$

上式中：

I_b = 電路的設計均方根相位電流

I_1 = 基波電流的均方根值

I_h = 第 h 諧波級次的電流均方根值

I_N = 電路的中性電流 = $3 \times \sqrt{I_3^2 + I_6^2 + I_9^2 + \ldots\ldots}$

r = 在導體操作溫度下每米的交流電電阻

L = 電纜的長度

步驟一： $I_1 = \dfrac{42kW}{\sqrt{3} \times 380 \times 0.8 \times 0.85} = 93.8A$

$\therefore\ I_b = \sqrt{I_1^2 + I_2^2 + I_3^2 + \ldots\ldots}$

$= \sqrt{93.8^2 + 33^2 + 25^2 + 15^2 + 10^2} = 104.1A$

步驟二：根據 $I_n \geq I_b$ 的原則，選擇 I_n = 125A 的 BS 88 熔斷器作為電路的過流保護器件

步驟三： $I_z \geq \dfrac{I_n}{C_a \times C_g} = \dfrac{125}{0.94 \times 0.86} = 154.6A$

步驟四：從電力（線路）規例工作守則附錄6：表 A6（4），50 mm² 電纜導體的載流量是 163 A，符合此電路電纜所需之載流量要求。

步驟五：再從表 A6（4）查得 50 mm² 電纜導體的電壓降是 0.81mV/A/m。

∴電路之總電壓降值 $= 50 \text{ m} \times 104.1 \text{ A} \times 0.81 \text{ mV/A/m}$

$$= 4.22 \text{ V} \ (< 4\% \times 380\text{V} = 15.2 \text{ V})$$

步驟六：

P_{copper}（導體的總銅性損耗）$= (3 \times I_b^2 + I_N^2) \times r \times L$

$I_b = 104.1 \text{ A}$；

50 mm^2 銅電纜的導體電阻：$r = 0.465 \text{ m}\Omega/\text{m}$*

*數據取自電力裝置能源效益守則2007年版表4.2A。

I_N（電路的中性電流）$= 3 \times \sqrt{I_3^2 + I_6^2 + I_9^2 + \text{........}}$

$$= 3 \times \sqrt{33^2 + 10^2} = 103.4$$

∴ $P_{copper} = (3 \times 104.1^2 + 103.4^2) \times 0.465 \text{ m}\Omega/\text{m} \times 50 \text{ m} = 1{,}004.4 \text{ W}$

饋電路傳送的總有功功率 = 輸出功率 / 效率

$$= 42 \text{ kW} / 0.8 = 52.5 \text{ kW}$$

P_{copper}（%）$= (1{,}004.4 \text{ W}/ 52.5 \text{ kW}) \times 100\% = 1.91\% \ (< 2.5\%)$

按守則規定，饋電路的最高銅性損耗 $\leq 2.5\% \times$ 電路傳送的總有功功率。

∴ 此饋電路可使用 50 mm^2 4/C PVC/SWA/PVC銅電纜作為電路電纜。

28 回頭氣

常聽電氣師傅説：**小心回頭氣**。其實是指：提防被中性線電流（neutral current）電擊的危險。

香港採用 TT 接地供電系統，中性線在電源側接地。如下圖28.1示，某單相電路的中性線與中性線連桿（neutral link）接駁良好。手所觸碰到有電流經過的「中性線」已在電源側接地，而腳也是與地面接觸，因此手與地之間的電位差接近0伏特。因此，觸碰中性線不會帶來觸電的危險。

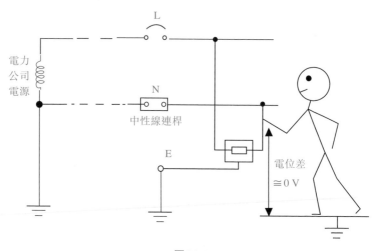

• 圖28.1

假若上述電路之中性線與中性線連桿(neutral link)之間處於鬆脫狀態（如圖28.2所示），電流不能經過中性線連桿流回電源，但卻可經過手、身、腳及大地流回電源。但究竟會否因此而帶來致命的危險，則要視乎當時手所觸碰的**中性線對地電位**是多少才知道？

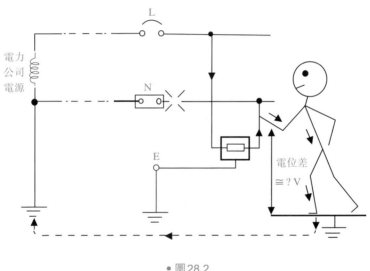

• 圖28.2

圖28.2 可簡化成：

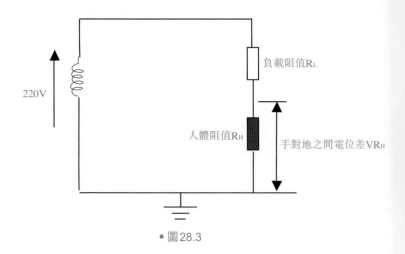

220V

負載阻值R_L

人體阻值R_H

手對地之間電位差VR_H

• 圖28.3

根據IEC 60479-1標準：在乾燥環境下，人體的「間接觸電」電壓（見第8篇圖8.1）若不超過 50 V ac，應不會帶來觸電致命的危險。以此作為分析，可得到以下結論：

如圖28.3示：

$$VR_H = 220 \text{ V} \times \frac{R_H}{R_H + R_L}$$

(i) 若$R_H = R_L$；

$$VR_H = 220 \text{ V} \times \frac{R_H}{R_H + R_H} = 110 \text{ V} (> 50 \text{ V})$$

→ *會帶來觸電致命的危險*

(ii)　　　若 $R_H = 10\ R_L$;

$$VR_H = 220\ V \times \frac{10R_L}{10R_L + R_L} = 200\ V\ (>50\ V)$$

→ **會帶來觸電致命的危險**

(iii)　　　若 $R_H = 0.1\ R_L$;

$$VR_H = 220\ V \times \frac{0.1R_L}{0.1R_L + R_L} = 20\ V\ (<50\ V)$$

→ **不會帶來觸電致命的危險**

由上述分析可知，回頭氣是否會帶來觸電致命的危險是要視乎人體阻值(R_H)與負載阻值(R_L)之間的大少比例而決定。但有一點肯定的是若電路的中性線與電源的中性線彼此間沒有良好的接駁，便會存在被中性線電流電擊的危險。所以在安裝電路時，除火線外，也須確保所有中性線的接駁位置已經收緊，避免回頭氣所引致的電力意外。

29 關上電源，仍會觸電？

上一篇談及因「回頭氣」所引至觸電的情況，是發生在帶電的電路上。在一般正常電力維修程序下，一定會關上電源才進行電力維修的工作。但關上電源，也並非百分百安全，是仍有機會發生觸電的情況，而帶來觸電危險的其中一個原因，也是「回頭氣」。

如圖29.1示，負載A及負載B的火線分別接上熔斷器3及熔斷器4，負載A及負載B的中性線也分別接上熔斷器配電箱內的中性線端子（neutral terminal）5號及6號位置。

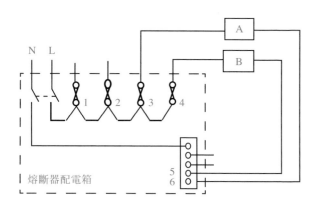

• 圖29.1

如圖29.2示，若負載 A 的中性線不是直接返回及連接配電箱的中性線端子，而是連接了負載 B 的中性線。A 的中性線電流（neutral current）便借用了負載 B 的中性線返回配電箱。這個佈線安排不特增加了負載 B 中性線的負荷，也帶來了本篇所討論的：**關上電源，仍會觸電**的危險。

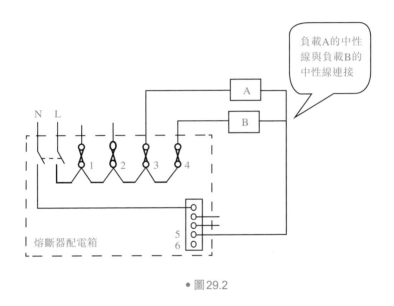

負載A的中性線與負載B的中性線連接

• 圖 29.2

如圖29.3示，假設要更換供電給負載 B 的電線。把負載 B 的電源（熔斷器4）關掉後，理應可安全地拆除負載 B 的電線。但當從配電箱的中性線端子5號位置拆除負載 B 的中性

線時，雖然已經沒有負載B的電流經過，但因負載A仍然接上電源，所以仍有負載A的中性線電流經過負載B的中性線，再經過人體接地。至於是否一定帶來觸電致命的危險？可參看第28篇（回頭氣）的分析。

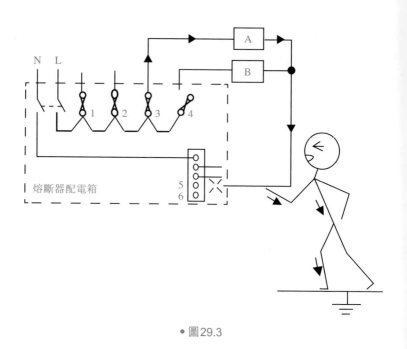

• 圖29.3

在上述例子中，除非在進行電力維修工作前，已把配電箱的總掣關掉，否則一定要提防電路中可能隱藏着的共用中性線（shared neutral）所帶來觸電的危險。

電力電容器的檢測

一般住宅、商業或工業樓宇的公眾負荷，例如：水泵、升降機、空調設備等，皆是由電動機推動。這些電感性負荷，都會導致公眾負荷的功率因數(power factor)下降，並且達不到電力公司對用電客整體功率因數不少於0.85的要求。因此為了改善公眾負荷的功率因數，很多樓宇的總掣櫃都配置了電力電容器(power capacitor)作為改善功率因數之用。倘若電力用戶屬於大量用電客戶，電費除了按用電度數(kWH)計算外，也會按每月之最高需求量(maximum demand in kVA)來計算。若電容器不能正常運作，除了功率因數得不到改善外，大量用電客戶的最高需求量亦會因缺乏了電容器的功率補償而上升，因此而要邀付額外的電費。

30.1 檢測方法

下列所介紹兩個檢測方法，只須一些簡單的步驟，便可有效地判斷電容器的運作是否處於正常狀態。

方法一：檢測操作電流

- 用電流鉗錶（如圖 30.1 示）量度電容器的線電流（line current）：I_{L1}、I_{L2} 及 I_{L3}。

- 若實測電流數值不少於電容器滿載電流（full load current）的95%，此電容器的運作正常。

- 三相電容器滿載電流的計算如下：

$$Q = \sqrt{3} \times V_L \times I_L$$

$$\therefore I_L = \frac{Q}{\sqrt{3} \times V_L}$$

（Q – 無功功率（電容器的輸出）；V_L – 線電壓；I_L – 線電流）

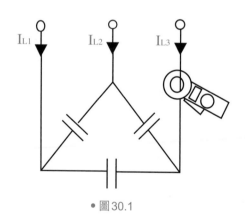

• 圖 30.1

● 例一：

一台三相角接法電容器，其額定輸出為 50 kVAr、額定電壓為 400 V。若電源電壓是 380 V，實測電流要達到多少，才可判斷此電容器的運作正常？

● 題解：

要留意此例子中的**電源電壓 ≠ 額定電壓**，因此要先計算當電源電壓是 380 V 時，電容器的輸出應是多少，才計算電容器的滿載電流。

因 $Q \ \alpha \ V_L^2$

∴當電源電壓 = 380 V，電容器的輸出：

$$Q = 50 \times \left(\frac{380}{400} \right)^2 = 45.125 \ \text{kVAr}$$

∴電容器的滿載電流：

$$I_L = \frac{45.125 \times 1,000}{\sqrt{3} \times 380} = 68.6 \ \text{A}$$

若實測數值：I_{L1}、I_{L2} 及 $I_{L3} \cong 65 \ \text{A}$（即 68.6 A×95%），此電容器處於正常運作狀態。

方法二:檢測電容量

- 關掉電容器電源
- 切斷電源5分鐘後,再把電容器連接電源線的端子(cable terminal)經地線放電
- 以電容錶量度L1-L2(如圖30.2示)、L2-L3及L1-L3之間的電容量

電容器相與相之間的電容量(C_{L-L})的計算如下:

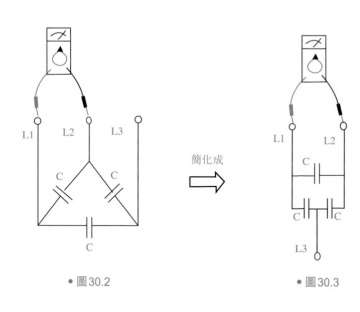

簡化成

• 圖30.2   • 圖30.3

圖30.3所示線路，L1-L2之間的電容量：

$$C_{L-L} = C + \frac{C}{2} = \frac{3C}{2}$$

$$\therefore 每相電容量：C = \frac{2C_{L-L}}{3}$$

- 若實測數值與所計算出來「相與相之間電容量」的誤差範圍在 ± 10% 內，可判斷此電容器的運作正常。

電力電容器的銘牌一般都會標示：無功功率Q、線電壓V_L、頻率f、電流I的額定值。若沒有電容量的資料，可從以下方式計算：

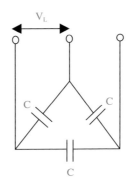

三相電容器的每相無功功率：$Q_{1\varphi} = \frac{Q}{3} = \frac{V_L^2}{X_C}$

$$\therefore X_C = \frac{3V_L^2}{Q} = \frac{1}{2\pi fC}$$

$$\therefore 三相電容器的每相電容量：C = \frac{Q}{3} \times \frac{1}{2\pi fV_L^2} \text{ farad}$$

例二：

一台三相380 V、50 Hz、50 kVAr角接法電容器的每相電容量是多少？實測「相與相之間的電容量」應為多少才可判斷此電容器的運作正常？

題解：

三相電容器的每相電容量：$C = \dfrac{Q}{3} \times \dfrac{1}{2\pi f V_L^2}$ farad

$$= \dfrac{50 \times 1,000}{3} \times \dfrac{1}{2\pi \times 50 \times 380^2} = 367.4 \ \mu F$$

$$\therefore C_{L\text{-}L} = \dfrac{3C}{2} = \dfrac{3 \times 367.4}{2} = 551.1 \ \mu F$$

若電容錶量度到的「相與相之間電容量」：$C_{L\text{-}L}$ = 551.1 μF ±10%，可判斷此電容器的運作正常。

一台三相 380 V、50 Hz、50 kVAr 角接法電容器的每相電容量 = 367.4 μF，其他 380 V、50 Hz，無功功率：Q_K 角接法電容器的每相電容量 C_K 及相與相之間電容量(C_{L-L}) 可從下式計算：

Q_K (kVAr)	$C_K = (367.4 \times \dfrac{Q_K}{50})\ \mu F$	$C_{L-L} = \dfrac{3C_K}{2}\ \mu F$
50	367.4	551.1
40	293.9	440.9
30	220.4	330.7
20	147	220.4
10	73.5	110.2

30.2 電力電容器星形或角形接法的分別

　　三相電力電容器較少使用星形接法，主要原因是：以使用同等的每相電容量來計算，星形接法的電容器的無功功率，只及角形接法電容器的無功功率之三分之一。

● 例三：

　　一台三相380 V、50 Hz、50 kVAr角形接法電力電容器的每相電容量是367.4 μF。若把此三相電容器的電容改為星形接法，求此三相電容器輸出的無功功率是多少？

● 題解：

三相電容器的每相無功功率：$Q_{1\varphi} = \dfrac{V_p^2}{X_C}$

因　$V_p = \dfrac{V_L}{\sqrt{3}}$　；　$X_C = \dfrac{1}{2\pi fC}$

$\therefore\ Q_{1\varphi} = \dfrac{V_p^2}{X_C} = \left(\dfrac{V_L}{\sqrt{3}}\right)^2 \div \dfrac{1}{2\pi fC} = \dfrac{V_L^2}{3} \times 2\pi fC$

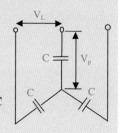

三相電容器的**輸出無功功率**：$Q = 3 \times Q_{1\phi}$

$= 3 \times \dfrac{V_L^2}{3} \times 2\pi fC = V_L^2 \times 2\pi fC$

$= 380^2 \times 2\pi \times 50 \times 367.4 \times 10^{-6} = 16.67\ \text{kVAr}$

　　$\therefore$ 一台三相380 V、50 Hz、50 kVAr角形接法的電力電容器，若把電容改成星形接法後，電容器輸出的無功功率便會下降至16.67 kVAr（即原本50 kVAr的三分之一）了。

1 工作守則2020年版

電力(線路)規例工作守則2020版適用於2021年12月31日起完成及連接電力供應的電力裝置。新守則應用於新的電力裝置及進行改裝的現有裝置,對現有裝置並無追溯力。

有關工作守則2020年版主要修訂內容如下:

守則4G:在低壓裝置上進行工作的安全預防措施

(新增條文)4G(7):假天花內工作的預防措施

(a) 工作開始前,應進行針對相關工作的風險評估,以識別在假天花內工作帶來的所有潛在風險。相關工作的風險評估應由註冊電業承辦商或固定電力裝置的擁有人所委派的合資格人士進行。

(b) 電業承辦商或固定電力裝置的擁有人應按照相關風險評估制定備有安全工序及安全措施的合適施工方案,並提供所需的安全資料、指導、訓練及監督予進行工作的人員,以避免危險。

(c) 應確定工作範圍和工作地點及工作區域附近地方的帶電電力裝置電路。

(d) 應向進行工作的人員提供合適的個人防護裝備及測

試設備，並適當地使用有關裝備及設備。

(e) 應評估並消除在工作地點、工作區域附近地方(1.5米以內)，以及其通道內可能不經意接觸帶電導體/帶電電力裝置帶電部分的風險。

(f) 嚴禁任何人進入或在易碎的假天花或同類不安全地方工作。如須進入及在此類地方工作，則應提供及妥為使用合適的進出途徑/作支持用的設施/工作平台。

(g) 工作區域和通道應適當地照明。

守則 6B：電路的基本要求

(新增條文)6B(1)(d)：建議使用符合IEC 62606或等效規定的*電弧故障檢測裝置，作為預防因最終電路的電弧故障而發生火警的額外保護。如使用電弧故障檢測裝置，應將其放置在電路的起始點。

可使用電弧故障檢測裝置的例子：

(i) 住宿處所(例如住宅、酒店和賓館)；

(ii) 生產或存放易燃物質或易自燃物質的處所；

(iii) 以可燃物料為主要建築物料的處所(例如木製建築物)；

(iv) 有瀕危或不可代替物品的處所(例如博物館)。

＊電弧故障檢測裝置（Arc Fault Detection Device, AFDD）

- 可檢測電弧故障，減低因電弧故障而發生火警的可能性
- 大小與一般過流保護器件相約，安裝於配電箱。

守則6F：使用符合IEC 60950-1的通用串列匯流排（USB）**插座的最終電路**

（見本書6.1.3）

守則8A：隔離及開關的設置

（為配合於可再生能源發電系統及電動車輛的充電設施等所應用之直流電系統，於守則8A中新增有關直流電系統之隔離設備要求）

（新增條文）(8A)(8) **直流電系統：**

（a）隔離設備須具備阻隔所有直流電電路導體的功能。

（b）在直流電電路有一個導體連接接地或保護接地導體的情況下，該導體不需要隔離或有開關掣。

守則13D (2)：電纜線芯的識別

（為配合於可再生能源發電系統及電動車輛的充電設施等所應用之直流電系統，於守則13D中新增有關直流電系統

之識別要求)

13D（2）（b）軟電纜或軟電線的每一線芯：

（i）如果在單相電路使用，整條線芯的相導體應為棕色，而中性導體則為藍色；

（ii）如果在多相電路使用，各相導體可用L1、L2及L3的編號代表；若有中性導體，則以N代表。

（新增條文）13D（2）（b）（iii）：如在直流電路中使用，正極導體應為棕色，而負極導體則為灰色。

守則11J（1）：電流式漏電斷路器的使用

（為提升鄉村處所的電力安全要求）

11J（1）（b）下列的情況尤應以電流式漏電斷路器（RCD）作保護：

（i）插座電路；

（ii）由架空電纜系統供電的電力裝置。

（新增條文）11J（1）（b）（iii）：在《在新界小型屋宇政策下之認可鄉村名冊》下的處所之電力裝置。

守則26P：可再生能源發電系統

由於可再生能源發電系統的技術和應用日趨普及，守則

26P以下列條文説明對有關系統的具體要求：

(1) 範圍

(2) 裝置的選擇及安裝

(3) 安全保護措施

(4) 檢查、測試及維修

守則26S：電動車輛的充電設施

由於電動車輛的充電設施的技術和應用日趨普及，守則26S以下列條文説明對有關充電設施的具體要求：

(1) 概要

(2) 充電模式分類

(3) 選擇與安裝裝置

(4) 安全保護措施

（新守則）守則26T：使用組裝合成建築法項目的裝置

由於組裝合成建築法的技術和應用日漸成熟，故新增守則26T對使用組裝合成建築法進行設計及建造的固定電力裝置之特定規定，並以下列條文説明有關規定的具體要求：

(1) 範圍

(2) 就電力工作發出證明書

（3）器具及材料的選擇

（4）線路裝置的選擇及安裝

（5）有關線路裝置的規定

（6）有關預製線路系統的規定

守則 22D / 附錄 13 核對表

主要修訂：由以年份區分改為以電力工作或裝置種類區分（見本書第10章10.1）

新版《工作守則》的主要修訂摘要已上載到機電工程署網頁，以供參考。

• 中文 (https://www.emsd.gov.hk/filemanager/tc/content_443/Summary_of_Major_Revisions.pdf)

• 英文 (https://www.emsd.gov.hk/filemanager/en/content_443/Summary_of_Major_Revisions.pdf)

附 錄

附錄 1

電力(線路)規例條文節錄

規例4：一般安全規定

Regulation 4: General safety requirements

1. 須應用良好工藝及適當材料。

2. 固定電力裝置須妥為設計、建造、安裝及保護，以防止發生危險。

3. 電力器具須妥為安裝，以供人辨認、維修、檢查及測試，從而防止發生危險。

4. 電力器具如需予以操作、維修或照料，則須妥為安裝，以留有足夠及安全的接觸途徑與工作空間。

5. 電力分站或開關房的擁有人與負責人，須確保防止未經許可的人進入其電力分站或開關房。

6. 任何處所內如設有開關房或電力分站，則該處所的擁有人與負責人須確保該房產的出入口暢通無阻，以免妨礙任何人前往該開關房或電力分站。

7. 註冊電業工程人員須確保採取安全預防措施，以防止他所從事的或在他督導下從事的電力線路安裝工作發生危險。

規例17：展示作識別及警告用的告示

Regulation 17: Display of labels and notices

1. 電力分站及開關房的每個入口當眼處，須展示標明該地方性質的告示及載有「危險」及「Danger」字樣的警告性告示。

2. 在每條接地導體與接地極的連接點或其附近，及在每個總接駁連接處或其附近，須在當眼處展示載有「切勿移去」及「DO NOT REMOVE」字樣的警告性告示。

3. 在有工程進行的電力器具所在處或其附近，及在與該電力器具有關連的隔離器件所在處，須在當眼處展示載有「小心—器具待修」及「CAUTION—EQUIPMENT UNDER REPAIR」字樣，或載有「小心——工程進行中」及「CAUTION—MEN AT WORK」字樣，或同時載有此兩組字樣的警告性告示。

4. 在第20條所指的固定電力裝置的總配電箱所在處或其附近，須在當眼處展示載有「本裝置須於(日期)前由(A/B/C/H/R)級電業工程人員測試及發出證明書」及「This installation must be tested and certified by a grade (A/B/C/H/R) electrical worker before (date)」字樣的告示。

5. 警告性告示或作識別用的告示，其字樣大小及字體，須

以清楚易讀為準。

6. 第(1)、(2)及(4)款所指的告示及警告性告示須耐用及安裝牢固。

7. 第(3)款所指的警告性告示須合理地耐用,並須放置或安裝妥當,以免意外地移離原位。

規例18:改裝及增設

Regulation 18: Alterations and additions

除在以下情形外,不得將現有的固定電力裝置改裝或增設——

- 受影響部分的現有固定電力器具的額定負載及狀況均適合改裝後的情況;及

- 受影響部份的過流保護設施、接地故障電流保護設施、及危險性對地漏電電流保護設施,已按改裝後的情況需要而改裝。

- 固定電力裝置在改裝或增設後的最高電流需求量,須不超逾該裝置的現有允許負載量,但如供電商為該裝置批准新的負載量,則屬例外。

規例20:定期檢查、測試及發出證明書(版本日期:08/07/2005)

Regulation 20: Periodic inspection, testing and certification (Version Date: 08/07/2005)

1. 設於以下任何一類處所內的固定電力裝置的擁有人,須安排該裝置每12個月最少作一次檢查、測試及領取證明書——

- 《公眾娛樂場所條例》(第172章)所界定的公眾娛樂場所,但出海船隻除外;

- 《危險品(適用及豁免)規例》(第295章,附屬法例A)附表所列的製造或貯存危險品的處所;及

- 由高壓電源直接供電的高壓固定電力裝置所在的房產。

2. 凡低壓固定電力裝置設於《工廠及工業經營條例》(第59章)第2條所界定的工廠或工業經營場地之內,而當額定電壓為低壓時,該裝置的允許負載量為超逾200安培(單相或三相),則除非該工廠或工業經營場地是第(1)款所指的房產,否則該裝置的擁有人須安排該裝置每5年最少作一次檢查、測試及領取證明書。

3. 凡低壓固定電力裝置設於不是第(1)或(2)款所指房產的房產,而當額定電壓為低壓時,該裝置的允許負載量為超逾100安培(單相或三相),則該裝置的擁有人須安排該裝置每5年最少作一次檢查、測試及領取證明書。

4. 設於以下任何一類處所內的低壓固定電力裝置的擁有人,須安排該裝置每5年最少作一次檢查、測試及領取證明書——

- 《酒店東主條例》(第158章)第2條所界定的酒店;

- 《醫院、護養院及留產院註冊條例》(第165章)第2條所界定的醫院或留產院;

- 《教育條例》(第279章)第3條所界定的學校；

- 《教育條例》(第279章)第2條所列院校的房產；

- 根據《幼兒服務條例》(第243章)註冊的幼兒中心；及(2000年第32號第36條)。

- 署長認為在發生電力意外時會引致嚴重災害的房產，署長可將通知書郵寄或遣專人送達該房產的擁有人，以指明該房產。

5. 擁有人須將根據本條備妥的證明書，於該證明書的日期起計2星期內呈交署長加簽。

6. 擁有人根據第(5)款將證明書呈交署長時，須繳交加簽費，每張證明書為 $695。

規例22：備置及保存紀錄

Regulation 22: Making and keeping of records

1. 註冊電業承辦商須為過去5年內，或由他註冊成為電業承辦商時起計，其僱員所進行的電業工程備置及保存一切有關紀錄。

2. 第20條所指的固定電力裝置的擁有人須將最近期的測試證明書備妥，以便在署長提出要求時呈交署長查閱；在適用情況下，並須備妥一份書面簡報，説明對第20(1)(c)條所指的裝置進行測試及維修工程時每次曾採取的安全措施。

附錄 2

各級電業工程人員註冊資格

（摘錄自機電工程署網址－ http://www.emsd.gov.hk）

A級電力工程

A級證明書申請人必須具備(a)、(b)或(c)任何一段所述資歷和經驗：

a. 已完成一份根據《學徒條例》(第47章)登記的電器安裝工匠或電業工匠行業的學徒訓練合約，並

- 持有由香港專業教育學院頒發的電機技工證書；及
- 具有最少1年的電力工作實際經驗。

b. 曾受僱為電業工程人員最少5年，其中最少1年包括電力工作實際經驗，並

- 持有由職業訓練局電機業訓練中心頒發的電工或電氣打磨裝配工進修課程證書，或具有相等資格；或
- 已在一項由機電工程署署長認可或主辦的考試或行業測試中取得及格。

c. 具有相等於(a)或(b)段所規定的資格及經驗。

B級電力工程

B級證明書申請人必須具備(a)、(b)、(c)或(d)任何一段所述資歷和經驗：

a. 已完成一份根據《學徒條例》(第四十七章)登記的電器安裝工匠、電業工匠或電機工程技術員行業的學徒訓練合約，並

- 持有由香港專業教育學院頒發的電機工程學高級證書，或具有相等資格；及

- 具有最少2年的電力工作實際經驗。

b. 持有由香港專業教育學院頒發的電機工程學文憑，或具有相等資格，並受僱為電業工程人員最少已5年，其中最少2年包括電力工作實際經驗。

c. 已持有A級證明書最少5年，或已具有持有A級證明書的資格最少5年，並

- 持有由香港專業教育學院頒發的電機工程學證書或具有相等資格，且具有最少3年的電力工作實際經驗；或

- 具有最少5年的電力工作實際經驗，且已在一項由機電工程署署長認可或主辦的考試或行業測試中取得及格。

d. 具有相等於(a)、(b)或(c)段所規定的資格及經驗。

C級電力工程

C級證明書申請人必須具備(a)、(b)或(c)任何一段所述資歷和經驗：

a. 已取得認可大學或專上教育院校頒授的電機工程學學位，或具有相等的資格，及

- 在學位課程畢業後完成最少2年的機電工程署署長認可電機工程學訓練，且具有最少兩年其後的電力工作實際經驗；或

- 具有最少6年的學位課程畢業後的電機工程實際經驗，包括最少1年電力工作實際經驗。

b. 已持有B級證明書最少6年，或已具有持有B級證明書的資格最少6年，並

- 具有最少6年的電力工作實際經驗；及

- 已在一項由機電工程署署長認可或主辦的考試或行業測試中取得及格。

c. 具有相等於(a)或(b)段所規定的資格及經驗。

R級電力工程

R級證明書申請人必須受過特別訓練，並已具備與所申請的工程類別或相近類別的電力工作經驗最少4年。

H級電力工程

H級證明書申請人必須具有資格持有B級或C級證明書，並具備下列(a)段或(b)段所述資歷或經驗：

a. 已完成一項經機電工程署署長認可的關於高壓電力設備及裝置的設計、安裝、維修、測試或操作的訓練課程。

b. 具有最少1年的高壓電力設備及裝置的設計、安裝、維修、測試或操作方面的實際工作經驗。

附錄 3

容許參差額列表

須應用參差額計算的導體或開關設備的用途	房產類別		
	個別家庭裝置，包括一幢大廈內的個別居住單位	小型商店、倉庫、辦公室和商業樓宇等	小型酒店、宿舍、賓館
1. 照明	總電流需求量的66%	總電流需求量的90%	總電流需求量的75%
2. 一般發熱和電力（參閱下列第3至10項）	總電流需求量首10A 的 100% ＋超過10安培後的50% 電流需求量	最大用具滿載電流的100% ＋其餘用具滿載電流的75%	最大用具滿載電流的100% ＋次大用具滿載電流的80% ＋其餘用具滿載電流的60%
3. 煮食用具	10A ＋煮食用具滿載電流減去 10A 後的30% ＋5安培（如用具內裝有插座）	最大用具滿載電流的100% ＋次大用具滿載電流的80% ＋其餘用具滿載電流的60%	
4. 電動機（升降機的電動機除外，參閱下列第8項）		最大電動機滿載電流的 100% ＋次大電動機滿載電流的80% ＋其餘電動機滿載電流的60%	最大電動機滿載電流的100% ＋其餘電動機滿載電流的50%
5. 熱水器（即熱式）	最大用具滿載電流的100% ＋次大用具滿載電流的100% ＋其餘用具滿載電流的25%		
6. 貯熱式熱水器（自動調溫控制）	無容許參差額（註：必須確保在無應用參差額下，配電箱的額定值足以承受與其連接的總負荷）		
7. 地台保溫和戶內空間加熱裝置			

須應用參差額計算的導體或開關設備的用途	房產類別		
	個別家庭裝置，包括一幢大廈內的個別居住單位	小型商店、倉庫、辦公室和商業樓宇等	小型酒店、宿舍、賓館
8. 升降機的電動機	由根據升降機和自動電梯條例(香港法例第618章)註冊的升降機工程師訂定有關的要求		
9. 水泵	最大水泵電動機滿載電流的100% + 其餘水泵電動機滿載電流的25%		
10. 冷氣機	樓宇內最大空氣調節機滿載電流的100% + 其餘空氣調節機滿載電流的40%	最大用電點電流需求量的100% + 其餘每一用電點電流需求量的75%	
11. 5A 和 15A 常規最終電路(工作守則6D)	最大電路電流需求量的100% + 其餘每一電路電流需求量的30%	最大電路電流需求量的100% + 其餘每一電路電流需求量的40%	
12. 13A常規最終電路(工作守則6E)	最大電路電流需求量的100% + 其餘每一電路電流需求量的40%	最大電路電流需求量的100% + 其餘每一電路電流需求量的50%	
13. 除第11和12項外的插座和除上述所列項目外的同一類型固定式器具，例如雪櫃和冰箱等	最大用電點電流需求量的100% + 其餘每一用電點電流需求量的40%	最大用電點電流需求量的100% + 其餘每一用電點電流需求量的75%	最大用電點電流需求量的100% + 主要房間(如飯廳)內每一用電點電流需求量的75% + 其餘每一用電點電流需求量的40%

• **每相電流不超過400A的裝置之容許參差額**(摘錄自工作守則表7 (1))

附錄 4

微型斷路器及熔斷器「時間 - 電流」特性曲線

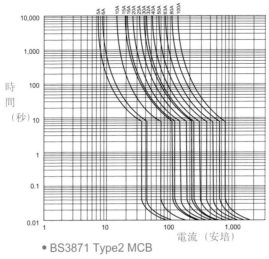

• BS3871 Type2 MCB

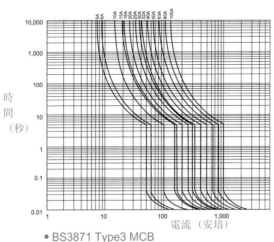

• BS3871 Type3 MCB

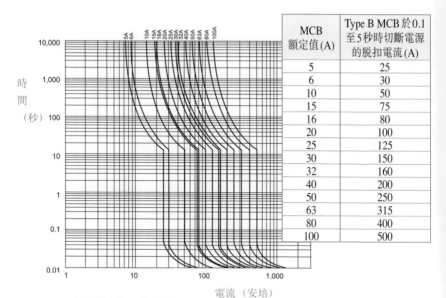

MCB 額定值(A)	Type B MCB 於0.1 至5秒時切斷電源 的脫扣電流(A)
5	25
6	30
10	50
15	75
16	80
20	100
25	125
30	150
32	160
40	200
50	250
63	315
80	400
100	500

• BS3871 TypeB MCB

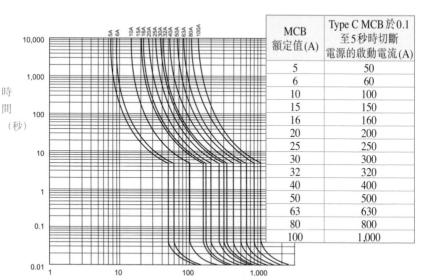

MCB 額定值(A)	Type C MCB 於0.1 至5秒時切斷 電源的啟動電流(A)
5	50
6	60
10	100
15	150
16	160
20	200
25	250
30	300
32	320
40	400
50	500
63	630
80	800
100	1,000

• BS3871 TypeC MCB

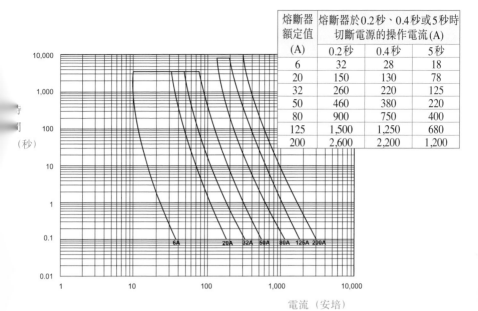

熔斷器 額定值 (A)	熔斷器於0.2秒、0.4秒或5秒時 切斷電源的操作電流(A)		
	0.2秒	0.4秒	5秒
6	32	28	18
20	150	130	78
32	260	220	125
50	460	380	220
80	900	750	400
125	1,500	1,250	680
200	2,600	2,200	1,200

• BS 88-2 fuse systems E and G

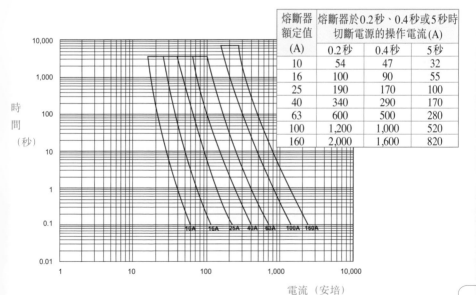

熔斷器 額定值 (A)	熔斷器於0.2秒、0.4秒或5秒時 切斷電源的操作電流(A)		
	0.2秒	0.4秒	5秒
10	54	47	32
16	100	90	55
25	190	170	100
40	340	290	170
63	600	500	280
100	1,200	1,000	520
160	2,000	1,600	820

• BS 88-2 fuse system E and G

附錄 5

電力裝置實物圖

● 圖01　11kV地底電纜

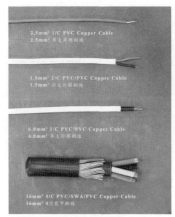
● 圖02　常用低壓電纜

● 圖03　以隔火物料封閉的
　　　　電纜套管

● 圖04　硬性鋼導管
　　　　（Rigid steel conduit）

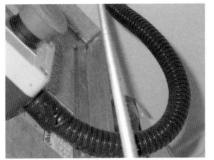

● 圖05　軟性鋼導管（Flexible steel conduit）

● 圖06　硬性絕緣導管（PVC conduit）

● 圖07　軟性絕緣導管（Flexible pvc conduit）

● 圖08　鋼線槽（Steel trunking）

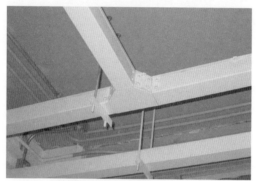

● 圖09　鋼線槽（Steel trunking）

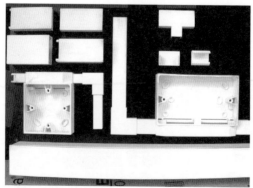

● 圖10　PVC絕緣線槽（PVC trunking）

● 圖11　線架（Cable tray）

● 圖12　線梯（Cable ladder）

● 圖13　用圍欄隔阻帶電的裝置

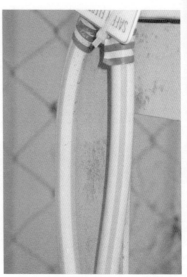

● 圖14 將帶電部分放置於人體不可觸及的地方（Placing out of reach）

● 圖16 「黃綠色」線路保護導體（俗稱 :水線）（Green-yellow coloured Circuit Protective Conductor

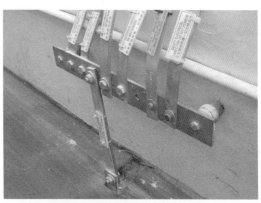

● 圖15 總接地終端（Main earth terminal）

● 圖17　銅帶（Copper tape）

● 圖19　斷流容量M6（即6,000A）
　　　　的MCB

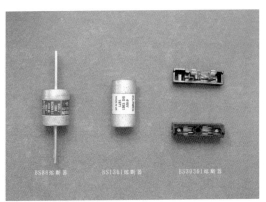

● 圖18　熔斷器（Fuse）

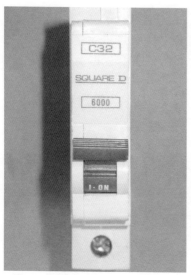

● 圖20 斷流容量6,000A 的 MCB

● 圖22 抽出型的空氣斷路器
（Draw out type ACB）

● 圖21 接地故障環路阻抗測試器
（Earth Fault Loop Impedance Tester）

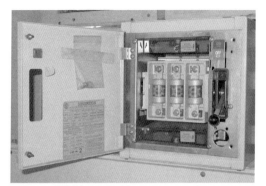

● 圖23　「熔斷器開關」(Fused switch)

● 圖24　配置了「接地故障繼電器」的MCCB

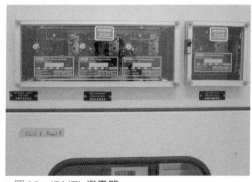

● 圖25　IDMTL繼電器

● 圖26　機械式 IDMTL 繼電器

● 圖28　電容器開關櫃

● 圖27　二次注入測試器（Secondary injection tester）

● 圖29 控制電容器開關的熔斷器及繼電器

● 圖31 輔有過流保護的RCCB（簡稱：RCBO）

● 圖30 電容器（Capacitor bank）

• 圖32 輔有RCCB保護的插座

• 圖33 輔有RCCB保護的插頭

• 圖34 低壓主開關櫃
（Main Low Voitage Switchboard）

附錄 6

本書各篇有關電力裝置常見辭彙

A

Active power	有功功率
Air termination	避雷終端
Ambient temperature	環境溫度
Ammeter	電流錶
Apparent power	視在功率
Automatic disconnection of supply	自動切斷電源
Automatic power factor regulator	自動功率因數控制器

B

Back up protection	支援保護
Battery charger	電池充電機
British Standard（BS）	英國標準
BS EN	英國歐盟標準
Breaking capacity	斷流容量
Building Energy Code	建築物能源效益守則
Buildings Energy Efficiency Ordinance	建築物能源效益條例
Busbar	匯流排
Busbar-Section Circuit Breaker	匯流排分段斷路器

C

Cable	電纜
Cross-linked polyethylene（XLPE）cable	交聯聚乙烯電纜
Polyvinyl chloride（PVC）cable	聚氯乙烯電纜
Mineral insulated cable	礦物絕緣電纜
Flexible cable	軟電纜

Code of Practice for Energy Efficiency of Building Services Installation	屋宇能源效益實務守則
Colour Rendering	顯色性
Colour Temperature	色溫
Communal installation	公眾裝置
Concealed wiring	暗藏式佈線
Conductor	導體
Copper conductor	銅導體
Aluminium conductor	鋁導體
Live conductor	帶電導體
Phase conductor	相導體
Neutral conductor	中性導體
Protective conductor	保護導體
Circuit protective conductor（cpc）	電路保護導體
Earthing conductor	接地導體
Main equipotential bonding conductor	總等電位接駁導體
Supplementary bonding conductor	輔助接駁導體
Conduit	導管(俗稱：燈喉)
Insulating conduit	絕緣導管
Rigid steel conduit	硬性鋼導管
Surface conduit	明敷導管
Concealed conduit	暗藏導管
Flexible conduit	軟性導管
Conduit factor	導管因數
Conventional tripping current	常規脱扣電流
Copper loss	銅性損耗
Correction factor	校正因數
CRI - Colour Rendering Index	顯色指數
Current demand	電流需求量
Current transformer	變流器

| Current-carrying-capacity | 載流量 |

D

Design current	設計電流
Direct contact	直接觸電
Discrimination	區別運作
Diversity factor	參差額
Down conductor	引下線
Downstream protective device	下游保護器件

E

Earth electrode	接地極
Earth fault current	接地故障電流
Earth fault loop impedance	接地故障環路阻抗 (俗稱：水氣)
Earth fault protection	接地故障保護
Earth leakage current	對地漏電電流
Earth leakage protection	對地漏電保護
Earth plate	接地板
Earth rod	接地棒
Earth tape	接地帶
Earth termination	接地終端
Efficacy	發光效率
Efficiency	效率
Electrical and mechanical interlock	機械及電氣式連鎖
Electrical and Mechanical Services Department (EMSD)	機電工程署
Electrical equipment	電力器具
Electrical installation	電力裝置
Electrical Safety Assessment Form	電力安全評估表格
Electrical work	電力工程

Electricity (Wiring) Regulations	電力(線路)規例
Electricity Ordinance	電力條例
Energy meter	電錶
Energy Audit Code	能源審核守則
Essential services	緊急設施
Exposed-conductive part	外露非帶電金屬部分
Extraneous-conductive-part	非電氣裝置金屬部分

F

Fault	故障
Final Circuit	最終電路
Fixed electrical installation	固定電力裝置
Fixed equipment	固定器具
Fluorescent lamp	熒光燈
Full load current	滿載電流
Fuse	熔斷器
Semi-enclosed fuse	半封閉式熔斷器
High Rupturing/Breaking Capacity Fuse (HRC/HBC fuse)	高斷流容量熔斷器
Fused switch	熔斷器開關
Fusing current	熔斷電流

I

IDMTL protection relay	反時限保護繼電器
Plug setting	分接頭設定
Time multiplier	時間設定
Incandescent lamp	白熾燈
Indication lamp	指示燈
Indirect contact	間接觸電
Instantaneous pick up current	瞬時電流
Institution of Electrical Engineers (IEE)	英國電機工程師學會

Interlock	連鎖
International Electrotechnical Commission（IEC）	國際電工技術委員會
Isolator	隔離器

L

Lamp life	光源壽命
LED	發光二極管
Lightning rod	避雷針
Long time delay	長限時動作時間
Long time pick up current	長限時電流
Low voltage distribution system	低壓配電系統
Low Voltage Main Electrical Switchboard	低壓主開關櫃
Lumen	流明
Luminous flux	光通量
Lux	勒克斯（照度單位）

M

Main earthing terminal	總接地終端
Main incoming switch	來電總開關
Maximum demand energy meter	最高負荷電錶
Maximum demand in kVA	最高需求量（千伏安）
Maximum earth fault loop impedance	最大接地故障環路阻抗
Metallic reinforcement of concrete	藏於混凝土的鋼筋

N

Neutral current	中性線電流、回頭氣
Neutral link	中性線連桿
Neutral terminal	中性線端子
Nominal supply voltage	標稱電壓
Non-essential services	非緊急設施

O

Overcurrent protection	過流保護
Overload	過載
Owner of an electrical installation	電力裝置擁有人

P

Periodic Test Certificate	定期測試證明書
Permit-to-work	工程許可證
Permitted Work	准許工程
Phase sequence	相位排列(相序)
Portable electrical appliance	可攜式電器
Power capacitor	電力電容器
Power factor	功率因數
Power factor meter	功率因數錶
Pre-arcing energy let-through	產生電弧前的通泄能量
Prospective short circuit current	預計短路電流
Protective device	保護器件

R

Rated current	額定電流值
Reactive power	無功功率
Reactive power compensation	無功功率補償
Registered Electrical Contractor	註冊電業承辦商
Registered Electrical Worker	註冊電業工程人員
Residual operating current	餘差啟動電流
Rising mains	上升總線

S

| Sanction-for-test | 測試許可證 |
| Schematic wiring diagram | 配電系統電路圖 |

Secondary injection tester	二次注入測試器
Shared neutral	共用中性線
Short circuit	短路
Short time pick up current	短限時電流
Shunt trip coil	分路脫扣線圈
Side-flashing	旁路閃擊
Single phase load	單相負荷
Spacing factor	空間因數
Spur	支脈電路
Fused spur	有熔斷器支脈電路
Non-fused spur	沒有熔斷器支脈電路
Standby generator	後備發電機
Supply Rules	供電則例
Surface wiring	明敷線路
Switch	開關

T

Test	測試
Contact resistance test	接觸阻抗測試
Continuity test	連續性測試
Insulation resistance test	絕緣電阻測試
Polarity test	極性測試
Test Link	測試連桿
Thermal insulating material	隔熱材料
Three phase load	三相負荷
Time-current characteristic curve	時間-電流特性曲線
Total energy let-through	總通泄能量
Total Harmonic Distortion（THD）	總諧波失真率
Total Power Factor	總功率因數
Touch voltage	接觸電壓

Transformer	變壓器
Tripping characteristic	脫扣特性
Trunking	線槽
Insulating trunking	絕緣線槽
Steel trunking	鋼線槽
Trunking factor	線槽因數

U

Under-voltage relay	欠壓繼電器
Upstream protective device	上游保護器件

V

Visual Inspection	目視檢查
Voltage	電壓
Extra low voltage	特低壓
Low voltage	低壓
High voltage	高壓
Voltage drop	電壓降
Voltmeter	電壓錶

W

Watt	瓦
Wiring method	佈線方式
Work Completion Certificate	完工證明書
Working space	工作空間

Z

Zone of Protection	保護區域

新編電力裝置實用手冊

A Practical Guide to Electrical Installation

著者
陳樹輝

責任編輯
吳煥燊

裝幀設計
鍾啟善

排版
楊詠雯

出版者
萬里機構出版有限公司
香港北角英皇道 499 號北角工業大廈 20 樓
電話：2564 7511　傳真：2565 5539
電郵：info@wanlibk.com
網址：http://www.wanlibk.com
　　　http://www.facebook.com/wanlibk

發行者
香港聯合書刊物流有限公司
香港荃灣德士古道 220-248 號荃灣工業中心 16 樓
電話：2150 2100　傳真：2407 3062
電郵：info@suplogistics.com.hk
網址：http://www.suplogistics.com.hk

承印者
中華商務彩色印刷有限公司
香港新界大埔汀麗路 36 號

出版日期
二〇二一年九月第一次印刷
二〇二三年三月第二次印刷

規格
32 開（210mm×142mm）